テンプレートのつくりおき！ 超時短のパソコン仕事術

きたみあきこ

青春新書
PLAYBOOKS

はじめに

　パソコンはビジネスの生産性を上げるツールです。パソコンがなければ、業務はたちまち滞ってしまうでしょう。それではパソコンを使えれば、「仕事のできる人」ということになるのでしょうか。残念ながら、パソコンがビジネスツールとなって久しい現在、単にパソコンが使えるだけでは「普通の人」。よりスピーディーに仕事を片付けられることが、ビジネスパーソンに求められる条件でしょう。

　そこで、「つくりおき」の出番。ここでいう「つくりおき」とは、パソコン業務の超効率化を目指して、あらかじめさまざまな仕掛けを施しておくこと。例えば、定型の計算がパパッと終わるExcelの数式のつくりおき、よく使う文章を一瞬で入力するWordの定型文のつくりおき、不測の事態に備える自動バックアップのつくりおき、取引先ごとにメールを自動仕分けする設定のつくりおき……。つまり、一度設定しておけばそのあとずっと時短で作業できる、それが「つくりおき」の肝なのです。

　本書では、そんな「つくりおき」のパソコン仕事術を、5つの章に分けて紹介しています。

第1章（Excel）
数式を使用した自動化・時短ワザを紹介します。数式入力の基礎も解説します。

第 2 章（Excel）
楽して素早く入力するための設定ワザを紹介します。入力時のうっかりミスを阻止する方法やひな型ファイルの利用術なども紹介します。

第 3 章（Word）
Word の文書作成を時短・効率化するテクニックを徹底的に厳選して紹介します。

第 4 章（Word・Excel）
Word と Excel で共通に使用できるさまざまな便利ワザを紹介します。

第 5 章（Windows・Outlook）
アプリの起動やファイル操作など、Windows の時短ワザを紹介します。また、Outlook のメール操作を効率化するテクニックも解説します。

　それぞれのワザは、すべて画面入りで丁寧に説明しています。画面通りに手順を踏めば、だれでも簡単に操作できるでしょう。また、随所に「ステップアップの豆知識」や「時短ワザ豆知識」といったコラムを散りばめました。本書で紹介するワザの理解を深めたり、より高度な時短テクニックを身に付けたりするのに役立つでしょう。

　ビジネスパーソンの皆様にとって、本書で紹介する「つくりおき」が、業務の時短・効率化の一助となれば幸いです。

2019 年 7 月　きたみあきこ

もくじ

＼テンプレートのつくりおき！／

超時短の
パソコン
仕事術

第1章 Excel 自動化して時短をねらう数式のつくりおき

01 数式つくりおきの前にこれだけは知っておこう …… 14

02 「あとで入力したデータが数式から外れる」がなくなる設定術 …… 18

03 フリガナを自動表示させる時短ワザ …… 21

04 「郵便番号」だけで「住所」を自動表示する㊙ワザ …… 24

05 「現在の日付」を自動表示する「TODAY 関数」術 …… 28

06 瞬間移動術① シートの切り替えを自動化 …… 30

07 瞬間移動術② シートのスクロールを自動化 …… 34

08 1か月分の日程表をあっという間に作れる凄テク …… 38

09 日程表の土日祝日を色分けする凄ワザ …… 42

10 番号を入れるだけであとは自動転記してくれる方法 …… 46

第2章 Excel 「楽」「ミスなし」を同時に手に入れるつくりおき

01 半角入力？ ひらがな入力？ めんどうな切り替えを自動化 …… 52

02 ミスなく楽に入力できる「選択リスト」のつくり方 …… 54

03 都道府県、商品名、人名…、自分好みの順序で自動入力 …… 58

04 自動拡張術① 「行」が追加される方法 …… 62

05 自動拡張術② 「塗りつぶし」「数式」が自動で追加される方法 …… 66

06 「何の表かわからない」がなくなる見出し印刷ワザ …… 69

07 会社のロゴを全ページに表示するプロ技 …… 72

08 「ひな型データをうっかり上書き」がなくなるテンプレ設定術 …… 75

09 サイズ、余白…、Excel印刷設定をテンプレ化する方法 …… 79

10 「うっかり書き換え」がなくなるシート保護術 …… 81

11 「入力可」「入力不可」を使い分ける規制術 …… 83

12	入力規則術① 間違い入力を完全阻止	87
13	入力規則術② 重複入力を徹底阻止	91
14	入力規則術③ もっと手軽に重複入力を抑制	94

第3章 Word 文書作りがはかどるつくりおき

01	よく使う「形式フレーズ」の登録術	98
02	よく使う「表」の登録術	102
03	よく使う「書式」の登録術	106
04	よく使う「文字スタイル」の登録術	110
05	見出し、目次…、 長文作成の鉄則ワザ	114
06	デザインフォーマットの 使い回し術	121
07	自動チェックで、スルーしがちな 文書ミスが消える方法	124

08	定型文書をテンプレ化する方法	127
09	サイズ、余白…、Word印刷設定をテンプレ化	130
10	ページ、日付…、「ヘッダー設定」の裏ワザ	134

第4章 Word・Excel もっと時短できる設定のつくりおき

01	即文書作りにとりかかれる設定術	140
02	「もしも…」に備える① バックアップファイルの保存法	142
03	「もしも…」に備える② 自動回復用データの設定術	146
04	【図】、【画像】、【数式】…、よく使う機能をワンクリック化	150
05	よく使うフレーズを10倍速く入力できる単語登録ワザ	154
06	スペルミス完全防止の設定術	156
07	英単語の大文字化、自動箇条書き、ハイパーリンク…、おせっかい機能を無効化	160

08	自分好みの「図形デザイン」をテンプレ化	162
09	自分好みの「配色」をテンプレ化	164
10	自分好みの「フォント」をテンプレ化	168

第5章 Windows・Outlook いろいろ効率化するつくりおき

01	いろいろなアプリをワンクリック起動	172
02	ショートカットキー登録で、よく使うファイルを秒で開く	174
03	ファイルを見分ける拡張子の表示ワザ	178
04	「あのファイルどこ？」がなくなる高速検索の設定術	180
05	「あのファイル消しちゃった…」がなくなる履歴バックアップ術	184
06	ファイル添付、受領、納品完了…、メール定型文の登録術	188
07	社外向け、社内向け…、相手に合わせたメール定型文の登録術	192

| 08 | 「売上報告」、「営業日報」…、本文入りメールをショートカットキーで一発作成 | 196 |
| 09 | もう重要メールを見逃さない！メール仕分けの裏ワザ | 200 |

ステップアップの豆知識

- 数式入力の決まり事 17
- 関数って何？ 19
- 関数を簡単に入力するには？ 20
- フリガナが間違っていたときは？ 23
- 番地の入力方法 27
- HYPERLINK 関数とは？ 31
- COUNTA 関数で A 列のデータ数をカウント 37
- 日程表作りをほかの表に応用するには？ 39
- 条件付き書式の優先順位とは？ 45
- VLOOKUP 関数と IF 関数の使い方 50
- OR 関数をほかの表に応用するには？ 65
- フィルターを利用するには？ 68
- ページ番号を印刷するには？ 71
- テンプレートフォルダーに保存するのも便利 78
- セルの値を条件として入力規則を設定する 90
- COUNTIF 関数をほかの表に応用するには？ 93
- 登録したクイックパーツを他のパソコンで使う方法 101
- そもそも Word で表を作成するには？ 105
- リンクスタイルで何ができる？ 109
- スタイルを削除するには？ 113
- 専用画面で修正個所を検索 126
- NORMAL テンプレートの正体 133
- 回復用データの有効活用 149
- 書式なしで登録するには？ 159

もくじ　超時短のパソコン仕事術

テーマのフォントとは？	170
よく使うファイルを即開けるように固定	173
隠しフォルダーを表示する	179
詳細な条件で検索する	183
ここでも使える「F3」キー	191
ボタンの配置が違う？	201

時短ワザ豆知識

「Ctrl」+「；」で今日の日付を入力	29
「Ctrl」+「D」ですぐ上のセルと同じデータを入力！	57
連続データを超速入力できるオートフィル操作	61
「Ctrl」+「Shift」+「↓」で、ワークシートの下端のセルまで一括選択	96
「F3」キーで素早く入力！	101
ショートカットキーで素早くスタイルを変更する方法	109

サンプルデータをダウンロードできます

本文中で解説に使用しているエクセルのデータを、下記の青春出版社サイトより無料でダウンロードが可能です。操作手順を確認しつつ本書を読み進めていけば、より理解が深まります。データはzip形式で圧縮されているので、ダウンロード後に解凍してご利用ください。

http://www.seishun.co.jp/tsukuriokipc

> 本書の内容は、基本的に2019年7月時点における「Windows10」「Excel2019」「Word2019」「Outlook2019」という環境で制作し、動作を検証しています。これらの情報は変更・更新される可能性があるため、本書の説明と実際の画面に相違が出てくることもあります。あらかじめご了承ください。

本文デザイン・DTP　リクリ・デザインワークス

第 1 章
Excel

自動化して時短をねらう数式のつくりおき

01 数式つくりおきの前にこれだけは知っておこう

　この章では数式を利用したつくりおきのワザを紹介しますが、その前に数式の基本を押さえましょう。

　表に数式を入力するときは、通常、先頭のセルに数式を入力して、その数式を2番目以降のセルにコピーします。数式の中に「A1」形式で入力したセル番号は、下にコピーすると「A2、A3、A4…」と行番号が自動でずれます。また、右にコピーすると「B1、C1、D1…」と列番号が自動でずれます。

　一方、行番号と列番号の前に「$」記号を付けて「$A$1」形式で入力したセル番号は、数式をコピーしたときに行番号も列番号もずれません。セル番号をずらすか固定するかで「A1」形式と「$A$1」形式を使い分ければいいわけです。

　なお、「A1」「$A$1」などのセル番号は、キーボードから直接手入力するほか、該当のセルをクリックして入力することもできます。例えば、数式の入力中にセルA1をクリックすると、数式の中に「A1」が入力されます。また、「A1」と入力された後に続けて「F4」キーを押すと、「A1」を「$A$1」形式に変更できます。

　次ページでは、消費税の計算を例に、数式の入力とコピーの方法を紹介します。

数式の入力とコピー

単価(セル B2)と消費税率(セル B6)を掛けて消費税を求めたい。「消費税」欄の先頭のセル C2 を選択して、半角英数モードで❶「=」を入力し、❷セル B2 をクリックする。

❸「=」の後に「B2」が入力される。続けて、❹「*」を入力して、❺セル B6 をクリックする。

❻「*」の後に「B6」が入力される。❼そのまま「F4」キーを押す。

❽「B6」が「$B$6」に変わる。❾最後に「Enter」キーを押す。

第1章 Excel 自動化して時短をねらう数式のつくりおき

⓾ セルに「100×8%」の計算結果が表示された。セルを選択すると、⓫ 数式バーで数式を確認できる。

⓬ セル C2 を選択して、右下角にマウスポインターを合わせると「+」の形になる。⓭ その状態でセル C4 までドラッグする。

ドラッグした範囲に数式がコピーされ、計算結果が表示される。数式の「B2」の部分は「B3」「B4」に変わるが、「$B$6」の部分は変わらないので、各商品の単価に常にセル B6 の消費税率を掛けることができる。

ステップアップの豆知識

数式入力の決まり事

セルに数式を入力するときは、以下の点に注意して入力しましょう。

・「=」(イコール)を入力してから式を入力する。
・数値はそのまま入力する。
・文字列は半角の「"」(ダブルクォーテーション)で囲んで入力する。
・セルに入力された値を使う場合はセル番号を入力する。
・「=」「"」「+」などの記号やセル番号は半角で入力する。
・四則演算や文字列連結には次表の記号を使う。

●数式で使う記号

記号	意味	数式の例	結果	説明
+	足し算	=A1+2	5	3+2
-	引き算	=A1-2	1	3-2
*	掛け算	=A1*2	6	3×2
/	割り算	=A1/2	1.5	3÷2
^	べき乗	=A1^2	9	3の2乗
&	文字列連結	=A1 & "名様"	3名様	連結

※セルA1に「3」が入力されているものとする

02 「あとで入力したデータが数式から外れる」がなくなる設定術

　SUM（サム）関数をご存じでしょうか。セルの数値の合計を求めるときに使う関数です。例えば、[=SUM(B3:B7)]という数式を立てると、セルB3～B7に入力した数値の合計を計算できます。ただし、後からセルB8に数値を追加した場合、合計範囲を[=SUM(B3:B8)]のように変えなければならず面倒です。毎日データが追加されるような表では、合計対象として列全体を指定しましょう。そうすれば、面倒な数式の修正作業から解放されます。

合計式のつくりおき

	A	B	C	D	E	F
1	売上記録			集計		
2	日付	売上		合計		
3	2019/9/1	751,400		=SUM(B:B)		
4	2019/9/2	1,168,800				
5	2019/9/3	1,212,000		❶ =SUM(B:B)		
6	2019/9/4	817,300		❷ 「Enter」キー		
7	2019/9/5	1,196,700				
8						

B列の数値を合計したい。❶合計欄のセルに半角で[=SUM(B:B)]と入力して、❷「Enter」キーを押す。

❸ B列の数値の合計が表示される。入力した数式は、セルを選択すると、❹数式バーで確認できる。「ホーム」タブの「桁区切りスタイル」をクリックすると、計算結果を3桁区切りで表示できる。

❺新しいデータを追加すると、❻瞬時に合計が更新される。
なお、B列には合計対象以外の数値や日付を入力しないこと。文字データは入力しても合計に影響しない。

ステップアップの豆知識

関数って何?

関数とは、面倒な計算を簡単に行う仕組みです。関数の計算に使用するデータを「引数(ひきすう)」と呼びます。引数の種類や数は、関数ごとに決められています。セルに関数を入力するときは、次の書式にしたがって入力します。

= 関数名 (引数 1, 引数 2, …)

ステップアップの豆知識

関数を簡単に入力するには？

関数を入力する際に、以下のように入力補助機能を利用すると、簡単に入力できます。

❶「=s」と入力すると、「S」で始まる関数名が一覧表示されるので、❷「SUM」をダブルクリックする。

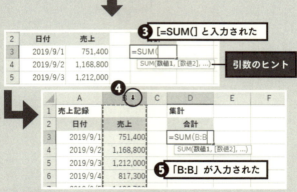

❸ [=SUM(] と入力され、引数のヒントが表示される。❹ B列の列番号をクリックすると、❺引数として「B:B」が入力されるので、あとは「)」を入力して「Enter」キーで確定する。

03 フリガナを自動表示させる時短ワザ

「氏名」欄と「フリガナ」欄がある名簿に、氏名とそのフリガナをそれぞれ入力するのは非効率的です。PHONETIC（フォネティック）関数を利用して、氏名を入力するだけでフリガナが自動表示されるようにつくりおきしましょう。

そもそも PHONETIC 関数は、引数に指定したセルのフリガナを表示する働きをします。例えば、セル B3 に入力された漢字のフリガナを表示するには、[=PHONETIC(B3)] という式を立てます。

フリガナ自動表示のつくりおき

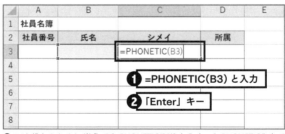

❶フリガナのセルに半角で [=PHONETIC(B3)] と入力。[=PHONETIC(] まで入力した後、セル B3 をクリックすると、「B3」を自動入力できる。❷「Enter」キーを押す。

PHONETIC関数を入力したセルC3を選択し、❸セルの右下角にマウスポインターを合わせると「+」の形になる。❹その状態で下方向にドラッグすると、ドラッグした範囲にPHONETIC関数の数式がコピーされる。

コピーされた数式を確認しておこう。❺例えばセルC4を選択して、❻数式バーを見ると[=PHONETIC(B4)]と表示される。セルC4には、セルB4のフリガナが表示されることがわかる。

❼「氏名」欄にデータを入力すると、「シメイ」欄にフリガナが自動表示される。

Memo

「氏名」が入力されるまで「シメイ」欄は空欄に見えます。誤って上書き入力してしまわないように気を付けましょう。83ページで紹介する「シートの保護」を設定すると、上書き入力を防げます。「シメイ」欄のセルに色を塗って、ほかの入力欄と異なる見た目にするのも有効です。

ステップアップの豆知識

フリガナが間違っていたときは？

PHONETIC関数によって表示されるのは、氏名を入力したときの漢字変換前の読みの情報です。氏名を異なる読みで変換すると、間違ったフリガナが表示されます。例えば、「良子（よしこ）」を「りょうこ」の読みで変換した場合、フリガナは「りょうこ」になります。フリガナを修正するには、「シメイ」欄ではなく「氏名」欄のセルを選択して、以下のように操作します。

❶氏名のセルを選択して、❷「Alt」+「Shift」+「↑」キーを押す。❸氏名の上に表示されるフリガナを修正して「Enter」キーを押すと、「シメイ」欄のフリガナも修正される。

04 「郵便番号」だけで「住所」を自動表示する㊙ワザ

　数あるデータ入力の中でも、住所の入力はもっとも面倒な作業の1つです。馴染みのない地域の住所は漢字が読めないことも多く、1文字ずつ別の読みで変換していくことになりかねません。

　しかし、郵便番号がわかるなら話は別です。日本語入力をオンにして、例えば「162-0056」と入力し、「スペース」キーを押して変換すれば、郵便番号の「162-0056」に対応する住所「東京都新宿区若松町」に変換できるワザがあるのです。

　住所録などの表では、「住所」欄のほかに「郵便番号」欄があるのが一般的です。住所を郵便番号から変換する場合、「住所」欄と「郵便番号」欄の2カ所に同じ郵便番号を打ち込むことになり、二度手間となります。

　そんなときは、PHONETIC（フォネティック）関数を利用しましょう。この関数は、漢字変換前の読みを表示する関数です。「郵便番号」欄にPHONETIC関数を仕込んでおけば、住所の変換時に打ち込んだ郵便番号を表示できるというわけです。ただし、表示されるのは全角文字の郵便番号です。半角文字で表示したい場合は、文字を半角に変換するASC（アスキー）関数を併用します。

住所かんたん入力のつくりおき

❶「郵便番号」欄のセル B3 に半角で [=ASC(PHONETIC(C3))] と入力して、❷「Enter」キーを押す。これは、セル C3 の住所の郵便番号を半角文字で表示するための式。引数の「C3」の部分には、住所のセル番号を指定すること。

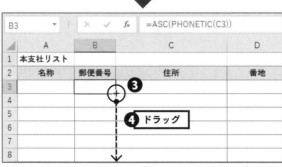

関数を入力したセル B3 を選択し、❸セルの右下角にマウスポインターを合わせると「＋」の形になる。❹その状態で下方向にドラッグすると、ドラッグした範囲に数式がコピーされる。例えば、セル B4 の数式は「=ASC(PHONETIC(C4))」となり、セル B4 にはセル C4 の住所の郵便番号が表示される。

第1章 Excel 自動化して時短をねらう数式のつくりおき

❺「あ」にする

	A	B	C	D
1	本支社リスト			
2	名称	郵便番号	住所	番地
3	東京本社		162-0056	
4			❻郵便番号を入力	
5				
6			❼「スペース」キー	
7				

実際に試してみよう。❺日本語入力をオンにしてから、❻「住所」欄に郵便番号を入力し、❼「スペース」キーを押す。

	A	B	C	D
1	本支社リスト			
2	名称	郵便番号	住所	番地
3	東京本社		東京都新宿区若松町	
4		1	162-0056	
5		2	１６２－００５６	❽
6		3	東京都新宿区若松町 »	
7				

❽変換候補に住所が表示される。住所を選択して、「Enter」キーで確定する。

	A	B	C	D
1	本支社リスト			
2	名称	郵便番号	住所	番地
3	東京本社	162-0056	東京都新宿区若松町	
4				
5		❾		
6				
7				

❾「郵便番号」欄に郵便番号が自動表示される。

ステップアップの豆知識

番地の入力方法

郵便番号から変換した住所に続けて同じセルに番地を入力すると、「郵便番号」欄に番地が表示されてしまうので、番地は別の列に入力してください。

なお、「番地」欄に「1-2-3」のようなデータを入力すると、セルに「2001/2/3」のような日付が表示されてしまいます。入力したとおりに「1-2-3」と表示されるようにするには、あらかじめ「番地」欄に「文字列」という設定を行ってください。

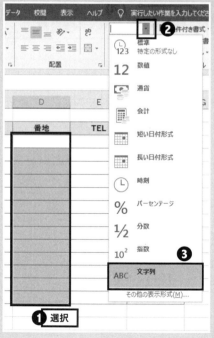

❶「番地」欄のセルを選択して、❷「ホーム」タブの「数値の書式」の「▼」をクリックし、❸「文字列」をクリックする。これ以降、「番地」欄に入力するデータは文字列扱いとなり、日付に変わることはなくなる。

05 「現在の日付」を自動表示する「TODAY関数」術

書類に今日の日付を表示したい……。そんなときは、TODAY（トゥデイ）関数を使用すると、常に現在の日付を表示できます。ファイルを開くたびに開いた時点の日付が表示されるので便利です。

今日の日付表示のつくりおき

	A	B	C	D	E
1	会員名簿				
2				=TODAY()	現在
3	No	氏名	シメイ	電話番号	ランク
4	1	小谷　英人	コタニ　ヒデト	090-	S
5	2	大場　祐輔	オオバ　ユウスケ	080-	A
6	3	松井　尚	マツイ　ナオ	090-2345-XXXX	B
7	4				

❶ =TODAY()
❷ 「Enter」キー

	A	B	C	D	E
1	会員名簿				
2				2019/5/27	現在
3	No	氏名	シメイ	電話番号	ランク
4	1	小谷　英人	コタニ　ヒデト	090-1234-XXXX	S
5	2	大場　祐輔	オオバ　ユウスケ	080-2345-XXXX	A
6	3	松井　尚	マツイ　ナオ	090-2345-XXXX	B
7	4				

❶今日の日付を表示するセルに半角で [=TODAY()] と入力して、❷「Enter」キーを押すと、❸今日の日付が表示される。

> ## 🗐 Memo
>
> 別の日にファイルを開き直すと、開いた日の日付が表示されます。ファイルを開いている間に日付が変わった場合は、「F9」キーを押すと日付を更新できます。

時短ワザ豆知識

「Ctrl」+「;」で今日の日付を入力

受注伝票の「受注日」欄などに入力する日付は、ファイルを開くたびに変わってしまっては困ります。そのようなケースでは TODAY 関数を使わずに、今日の日付を直接入力しましょう。セルを選択して、「Ctrl」キーを押しながら「;」(セミコロン)キーを押すと、今日の日付を入力できます。

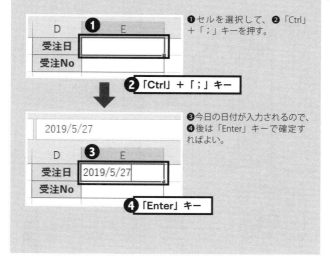

❶セルを選択して、❷「Ctrl」+「;」キーを押す。

❸今日の日付が入力されるので、❹後は「Enter」キーで確定すればよい。

06 瞬間移動術① シートの切り替えを自動化

ファイルに含まれるワークシートの数が多いと、切り替えるときにシート見出しをスクロールしなければならず面倒です。そんなときにはクリックするだけで各シートに瞬間移動する HYPERLINK（ハイパーリンク）関数がおすすめです。各シートにリンクする「シート目次」をつくりおきましょう。

シート目次のつくりおき

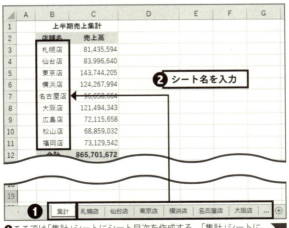

❶ ここでは「集計」シートにシート目次を作成する。「集計」シートに、
❷ ファイルに含まれるワークシートの名前を入力しておく。

❸ =HYPERLINK("#" & B3 & "!A1","詳細データ表示")

	A	B	C	D	E	F	G
1		上半期売上集計					
2		店舗名	売上高				
3		札幌店	81,435,594	=HYPERLINK("#" & B3 & "!A1","詳細データ表示")			
4		仙台店	83,996,640				

「集計」シートのセルに❸ HYPERLINK 関数を入力する。関数の1番目の引数の「"#" & B3 & "!A1"」は、「セル B3 に入力されたシートのセル A1」つまり「札幌店シートのセル A1」という意味。また、2番目の引数の「"詳細データ表示"」は、セルに表示する文字。これにより、「詳細データ表示」の文字をクリックすると「札幌店」シートのセル A1 にジャンプするリンクが作成される。

❹ HYPERLINK 関数を入力したセルを選択して、右下角にマウスポインターを合わせ、「+」の形になったら❺下方向にドラッグする。

ステップアップの豆知識

HYPERLINK 関数とは？

HYPERLINK 関数は、「リンク先」と「別名」の2つの引数を持ちます。

=HYPERLINK(リンク先 , 別名)

「# シート名 ! セル番号」の形式でリンク先を指定。リンク先が同シートの場合は「シート名 !」は省略可

セルに表示する文字を指定

❻ドラッグした範囲にHYPERLINK関数がコピーされ、各シートにジャンプするためのリンクが表示される。

❽ =HYPERLINK("#集計!A1","集計シートへ")

次に、「札幌店」シートから「集計」シートにジャンプする仕組みを作る。❼「札幌店」シートのセルに❽HYPERLINK関数を入力する。「"#集計!A1"」は、「集計シートのセルA1」という意味。

❾集計シートにジャンプするリンクが作成される。❿このセルをコピーして、ほかの店舗のシートに貼り付けておく。

以上で設定完了。実際に試してみよう。⓫松山店の行のリンクをクリックしてみる。

> このセルを選択したいときは、クリックせずに長押ししてから手を離す

⓬シート見出しが自動でスクロールした

⓬シート見出しが自動でスクロールして、⓭「松山店」シートに切り替わる。⓮「集計シートへ」をクリックすると、「集計」シートに戻る。

07 瞬間移動術②　シートのスクロールを自動化

　データ数が多い表では、新規データの入力セルを見つけるのにワークシートのスクロールが必要となり、厄介です。そこで、新規入力行へと素早くジャンプする仕組みをつくりおきしましょう。また、先頭セルへ戻る仕組みも一緒に用意するとさらに便利です。リンク作成用のHYPERLINK（ハイパーリンク）関数と、データ数を求めるCOUNTA（カウントエー）関数を利用します。

新規入力行へ瞬間移動のつくりおき

❷ =HYPERLINK("#A4","先頭データ")

	A	B	C	D	E	F	G
1	会員名簿				=HYPERLINK("#A4","先頭データ")		
2							
3	No	氏名	シメイ	性別	生年月日	電話番号	郵便番号
4	1	三井 俊童	ミツイ トシアキ	男	1999/5/30	0297-28-7688	311-3113
5	2	宮野 利治	ミヤノ トシハル	男	1978/3/8	04-371-9848	276-0048
6	3	山岸 結羽	ヤマギシ ユウ	女	1960/11/5	027-522-5126	379-2204
7						-4964	150-0021
8						-1314	150-0043
9	6	河野 政子	カワノ マサコ	女	1967/2/7	03-7958-3185	108-0073

❶ セルA4にジャンプするリンクを作りたい

まずは、❶1件目のデータのセルA4にジャンプするリンクを作成しよう。❷セルE1にHYPERLINK関数を入力する。関数の1番目の引数の「"#A4"」は、「リンク先はセルA4」という意味。また、2番目の引数の「"先頭データ"」は、セルに表示する文字。

セル A4 にジャンプするリンクが作成される。❸「先頭データ」の文字をクリックすると、❹セル A4 が選択される。

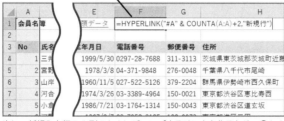

❺ =HYPERLINK("#A" & COUNTA(A:A)+2," 新規行 ")

次に、新規入力行の A 列のセルにジャンプするリンクを作るため、❺セル F1 に HYPERLINK 関数を入力する。「COUNTA(A:A)+2」は、新規入力行の行番号を表す。

❻作成されたリンクをクリックしてみる。

画面がスクロールして、❼新規入力行の A 列のセルが選択される。

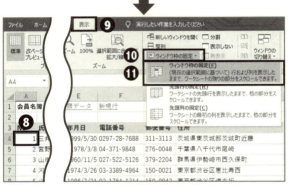

最後に、ワークシートの1～3行が常に画面上に表示されるように設定しておく。❽セル A4 を選択して、❾「表示」タブの❿「ウィンドウ枠の固定」→⓫「ウィンドウ枠の固定」をクリックする。

🗗 Memo

「ウィンドウ枠の固定」とは、ワークシートの先頭行や先頭列を常に画面に固定表示する機能です。セル A4 を選択して固定の設定をすると、その上の行（ワークシートの1～3行）が固定表示されます。ワークシートを上下にスクロールすると、4行目以降がスクロールします。

	A	B	C	D	E	F
1	会員名簿				先頭データ	新規行
2						
3	No	氏名	シメイ	性別	生年月日	電話番号
99	96	広田　紗季	ヒロタ　サキ	女	1990/3/14	046-291-0638
100	97	三輪　颯汰	ミワ　ソウタ	男	1999/4/16	0294-67-5475
101	98	小松　羽奈	コマツ　ハナ	女	1989/11/19	03-3305-5788
102	99	荒井　治郎	アライ　ジロウ	男	1976/9/4	03-3882-8339
103	100	土居　陽真	ドイ　ハルマ	男	1993/12/24	0270-55-1354
104						
105						

❿「新規行」の文字をクリックすると、ワークシートの4行目以降が自動でスクロールして、⓭新規入力行のA列のセルが選択される。⓮セルE1は固定表示されているので、「先頭データ」の文字をクリックすれば、即座に1件目のデータを表示できる。

ステップアップの豆知識

COUNTA関数で A列のデータ数をカウント

COUNTA関数は、引数に指定したセル範囲のデータ数を求めます。「COUNTA(A:A)」とすると、A列のデータ数が求められます。A列にはセルA1の「会員名簿」、セルA3の「No」、「1～100」の数値の合計102個のデータが入力されています。したがって「"#A" & COUNTA(A:A)+2」は「#A104」を表します。なお、カウントする列（ここではA列）に入力漏れがあると新規入力行を正しく求められないので注意してください。

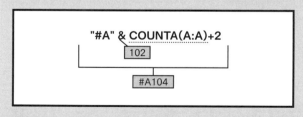

08 1か月分の日程表をあっという間に作れる凄テク

毎月初めに日程表を作成している人は少なくないでしょう。そこで、ここでは「年」と「月」の数値を入力するだけで自動的にその月の日程表が自動表示される仕組みを作成します。日数に合わせて罫線も自動調整されるようにします。

日程表自動作成のつくりおき

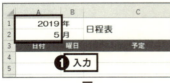

❶セル A1 に年、セル A2 に月の数値を入力しておく。ここでは、「2019 年 5 月」とした。

❷日付欄の先頭のセル A4 に数式を入力する。この数式は手順❶で入力した年月の 1 日の日付を求めるもの。

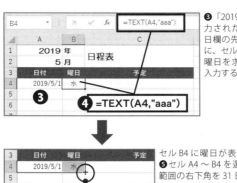

❸「2019/5/1」が入力された。❹次に曜日欄の先頭のセル B4 に、セル A4 の日付の曜日を求める数式を入力する。

セル B4 に曜日が表示されたら、❺セル A4 〜 B4 を選択し、選択範囲の右下角を 31 日分（ワークシートの 34 行目まで）ドラッグして、数式をコピーする。

ステップアップの豆知識

日程表作りをほかの表に応用するには？

ほかのセルに日程表を作成する場合は、手順❷で入力した数式の「$A$1」の部分に年の数値が入力されたセル、「$A$2」の部分に月の数値が入力されたセルの番号を当てはめてください。「ROW(A1)」は「1 日」を意味するものなのでそのまま使用してください。

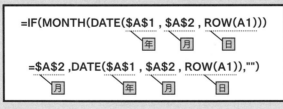

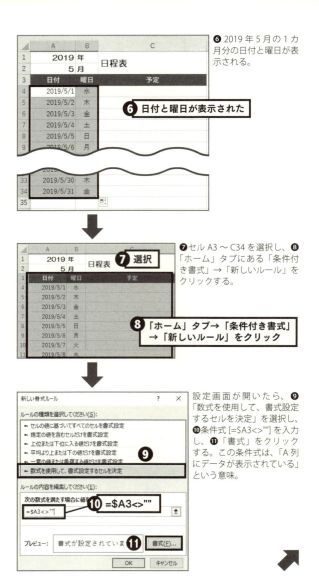

❻ 2019年5月の1カ月分の日付と曜日が表示される。

❻ 日付と曜日が表示された

❼ セルA3～C34を選択し、❽「ホーム」タブにある「条件付き書式」→「新しいルール」をクリックする。

❼ 選択

❽「ホーム」タブ→「条件付き書式」→「新しいルール」をクリック

設定画面が開いたら、❾「数式を使用して、書式設定するセルを決定」を選択し、❿条件式 [=$A3<>""] を入力し、⓫「書式」をクリックする。この条件式は、「A列にデータが表示されている」という意味。

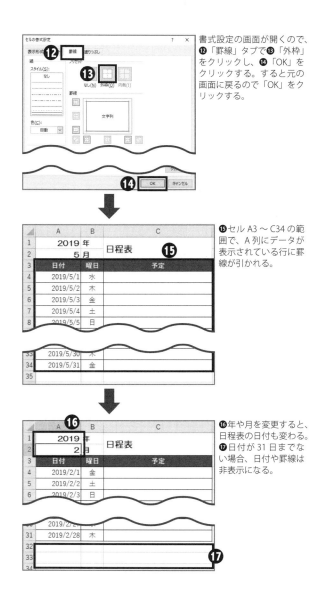

書式設定の画面が開くので、❷「罫線」タブで❸「外枠」をクリックし、❹「OK」をクリックする。すると元の画面に戻るので「OK」をクリックする。

❺ セル A3 〜 C34 の範囲で、A列にデータが表示されている行に罫線が引かれる。

❻年や月を変更すると、日程表の日付も変わる。❼日付が 31 日までない場合、日付や罫線は非表示になる。

09 日程表の土日祝日を色分けする凄ワザ

前節で年月を入れるだけで日程表が自動作成される仕組みを紹介しました。ここでは、条件付き書式を利用して、日程表の土曜日を青、日曜祝日を赤に色分けする仕組みを作成します。使用する表は前節の表ですが、ほかの表にも応用が利きます。

休日色分けのつくりおき

祝日など、定休日以外の休日の日付を入力しておく。ここでは、❶「祝日」シートの❷セル A3〜A24 に入力した。今回、2019 年 5 月の日程表を作成するが、❸ 5 月 1 日〜5 月 6 日の日付が入力されていることを確認しておく。

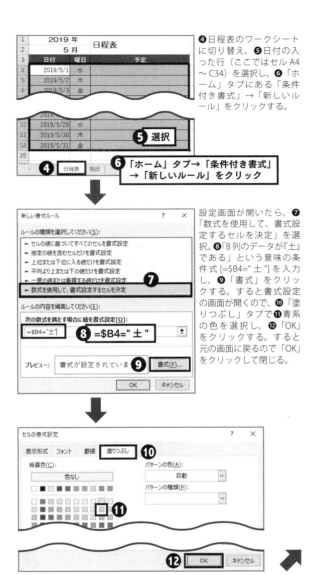

❹日程表のワークシートに切り替え、❺日付の入った行(ここではセル A4〜C34)を選択し、❻「ホーム」タブにある「条件付き書式」→「新しいルール」をクリックする。

設定画面が開いたら、❼「数式を使用して、書式設定するセルを決定」を選択。❽「B列のデータが『土』である」という意味の条件式 [=$B4="土"] を入力し、❾「書式」をクリックする。すると書式設定の画面が開くので、❿「塗りつぶし」タブで⓫青系の色を選択し、⓬「OK」をクリックする。すると元の画面に戻るので「OK」をクリックして閉じる。

⓭ 手順❺～❼を実行

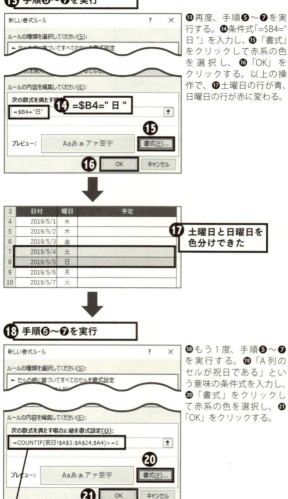

⓭再度、手順❺～❼を実行する。⓮条件式「=$B4="日"」を入力し、⓯「書式」をクリックして赤系の色を選択し、⓰「OK」をクリックする。以上の操作で、⓱土曜日の行が青、日曜日の行が赤に変わる。

⓱ 土曜日と日曜日を色分けできた

⓲ 手順❺～❼を実行

⓲もう1度、手順❺～❼を実行する。⓳「A列のセルが祝日である」という意味の条件式を入力し、⓴「書式」をクリックして赤系の色を選択し、㉑「OK」をクリックする。

⓳ =COUNTIF(祝日 !$A$3:$A$24,$A4)>=1

1	2019 年		日程表
2	5 月		
3	日付	曜日	予定
4	2019/5/1	水	
5	2019/5/2	木	
6	2019/5/3	金	
7	2019/5/4	土	
8	2019/5/5	日	
9	2019/5/6	月	
10	2019/5/7	火	
11	2019/5/8	水	
12	2019/5/9	木	
13	2019/5/10	金	
14	2019/5/11	土	
15	2019/5/12	日	
16	2019/5/13	月	

㉒「祝日」シートに入力されていた5月1日〜5月6日が休日の色に変わる。5月4日は土曜日だが、土曜日の色ではなく休日の色になる。

1	2019 年		日程表
2	2 月		
3	日付	曜日	予定
4	2019/2/1	金	
5	2019/2/2	土	
6	2019/2/3	日	
7	2019/2/4	月	
8	2019/2/5	火	
9	2019/2/6	水	

㉓別の月の日付に変えると、それに応じて土日祝日の色も変わる。

ステップアップの豆知識

条件付き書式の優先順位とは？

条件付き書式の優先順位は、後から設定した条件ほど高くなります。土曜日と祝日が重なる場合、後から設定した祝日の色が優先されて、土曜日は休日の色になります。

なお、手順⑲の条件式は、『A列の日付が「祝日」シートのセルA3〜A24の中に1個以上ある』という意味。

10 番号を入れるだけであとは自動転記してくれる方法

見積書や納品書を作成する際に、商品リストを見ながら入力することがあります。ところが、目で見ながらの手入力では、手間が掛かるし入力ミスも心配です。そこで、<u>合番を入力するだけで各データが自動転記されるVLOOKUP（ブイルックアップ）関数とIF（イフ）関数を使用して、自動表引きの仕組みを</u>つくりおきしましょう。

自動表引きのつくりおき

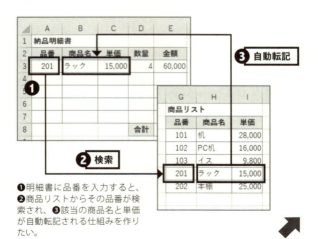

❶明細書に品番を入力すると、❷商品リストからその品番が検索され、❸該当の商品名と単価が自動転記される仕組みを作りたい。

	A	B	C	D	E	F	G	H	I
1	納品明細書						商品リスト		
2	品番	商品名	単価	数量	金額		品番	商品名	単価
3	101			2			101	机	28,000
4	102			3			102	PC机	16,000
5							103	イス	9,800
6							201	ラック	15,000
7							202	本棚	25,000
8					合計				

明細書に仮の品番と数量を入力しておく。

❺ =IF(A3="","",VLOOKUP(A3,$G$3:$I$7,2,FALSE))

	A	B	C	D	E	F	G	H	I
1	納品明細書						商品リスト		
2	品番	商品名	単価	数量	金額		品番	商品名	単価
3	101	=IF(A3="","",VLOOKUP(A3,$G$3:$I$7,2,FALSE))					101	机	28,000
4	102			3			102	PC机	16,000
5							103	イス	9,800
6							201	ラック	15,000
7							202	本棚	25,000
8					合計				

❺「商品名」欄の先頭のセル B3 に数式を入力する。これは、セル A3 に入力された品番の商品名を求める式。詳しくは 50 ページ参照。

❼ =IF(A3="","",VLOOKUP(A3,$G$3:$I$7,3,FALSE))

❻品番が「101」である商品の商品名が表示される。次に、
❼「単価」欄の先頭のセル C3 に単価を求める数式を入力する。

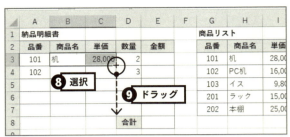

❽数式を入力したセル B3 〜 C3 を選択し、右下角にマウスポインターを合わせ、❾「+」字の形になったらドラッグする。

ドラッグした範囲に数式がコピーされる。❿品番が入力されている行には商品名と単価が表示され、⓫品番が入力されていない行には何も表示されない。

⓬ =IF(A3="","",C3*D3)

⓬「金額」欄の先頭のセル E3 に計算式を入力する。⓭そのセルの右下角をドラッグして数式をコピーする。

⓮セルE8に合計を求める数式を入力する。

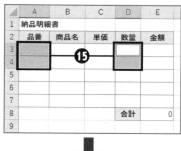

⓯仮に入力した品番と数量を削除して、設定完了。今後はこの表をひな型として利用すればよい。

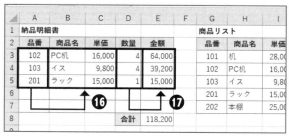

実際に使用してみよう。⓰品番を入力すると、商品名と単価が表示される。⓱さらに数量を入力すると、金額が計算される。品番や数量を入力していない行は空欄になる。

ステップアップの豆知識

VLOOKUP関数とIF関数の使い方

　VLOOKUP関数は、「範囲」の1列目から「検索値」を探し、見つかった行の「列番号」目のデータを取り出す働きをします。今回のような一般的な表引きでは、「検索方法」に「FALSE」を指定します。

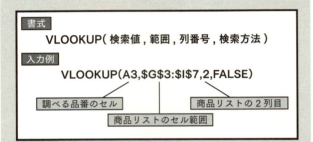

　IF関数は、「論理式」（条件のこと）が成立する場合は「真の場合」、成立しない場合は「偽の場合」の値を表示します。47ページの手順❺では、「品番」欄のセルA3が空欄の場合は何も表示せず、品番が入力されている場合はVLOOKUP関数で表引きしました。

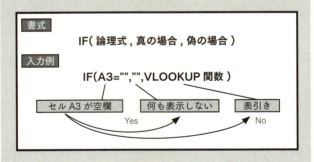

第 2 章
Excel

「楽」「ミスなし」を同時に手に入れるつくりおき

01 半角入力? ひらがな入力? めんどうな切り替えを自動化

名簿や住所録などの表の入力でわずらわしいのが、入力モードの切り替えです。郵便番号や電話番号は「半角英数」、氏名や住所は「ひらがな」という具合に、データに応じて頻繁に切り替えが必要になり面倒です。切り替えに費やす時間もばかになりません。そこで、データに合わせて入力モードが自動的に切り替わるようにつくりおきしましょう。入力作業を大幅に時短できます。

日本語入力自動切り替えの つくりおき

❶❷「No」「郵便番号」「電話番号」など「半角英数」で入力する列を選択して、❸「データ」タブの❹「データの入力規則」をクリックする。

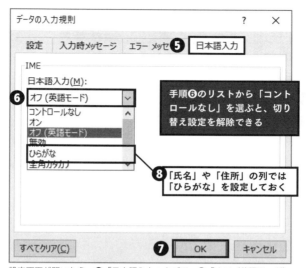

設定画面が開いたら、❺「日本語入力」タブで、❻「オフ（英語モード）」を選択して、❼「OK」をクリックする。❽同様に、日本語入力する列を選択して、「日本語入力」タブで「ひらがな」を設定しておこう。

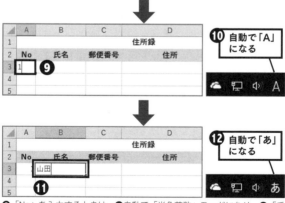

❾「No」を入力するときは、❿自動で「半角英数」モードになり、⓫「氏名」を入力するときは、⓬「ひらがな」モードになる。

02 ミスなく楽に入力できる「選択リスト」のつくり方

　決まった選択肢から入力するデータの場合、選択リストをつくりおくのがお約束です。「手入力の方が早いから不要」なんて思う人も、ぜひ利用してください。選択リストの最大のメリットは、入力ミスのない正確な入力ができることだからです。

　例えば、「市ケ谷店」という店舗名を入力するケースを考えてみましょう。単純に入力する場合、「市ケ谷店」と「市ヶ谷店」（大きい「ケ」と小さい「ヶ」）のような表記ゆれを起こしがちです。しかし、事前に選択リストに「市ケ谷店」という選択肢を設定しておけば、リストからマウスで選択する場合はもちろん、直接手入力する場合も「市ケ谷店」しか入力できなくなります。誤って「市ヶ谷店」と手入力した場合は、警告メッセージでミスを知らせてもらえます。

　「ケ」と「ヶ」の違いなんてミスのうちに入らない、と思うことなかれ。Excel では「市ケ谷店」と「市ヶ谷店」を異なるデータと見なします。このような表記ゆれのまま店舗別に売上集計をすると、同じ店舗のデータなのに別々に集計されてしまうのです。集計後に慌てても後の祭り。最初から選択リストをつくりおくのが賢明でしょう。

選択リストのつくりおき

❶あらかじめ空いたセルに選択肢を入力しておく。❷店舗名の入力欄を選択し、❸「データ」タブにある❹「データの入力規則」をクリックする。

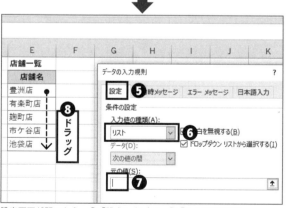

設定画面が開いたら、❺「設定」タブで、❻「入力値の種類」欄から「リスト」を選択する。❼「元の値」欄をクリックして欄内にカーソルを表示し、❽店舗名のセルをドラッグする。

第2章　Excel「楽」「ミスなし」を同時に手に入れるつくりおき

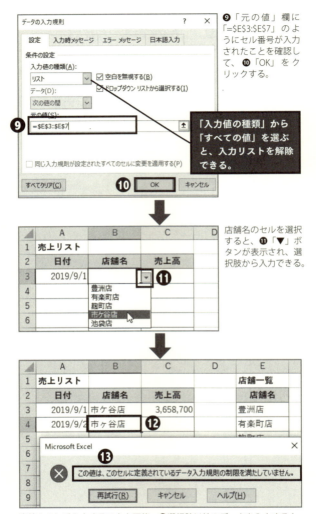

❾「元の値」欄に「=$E$3:$E$7」のようにセル番号が入力されたことを確認して、❿「OK」をクリックする。

「入力値の種類」から「すべての値」を選ぶと、入力リストを解除できる。

店舗名のセルを選択すると、⓫「▼」ボタンが表示され、選択肢から入力できる。

直接セルに手入力することも可能。⓬選択肢以外のデータを入力すると、⓭警告メッセージで知らせてくれる。

> **Memo**
>
> あらかじめ選択肢をセルに入力しておくことなく、手順❾の「元の値」欄に直接入力することも可能です。その場合は「豊洲店,有楽町店,麹町店,市ケ谷店,池袋店」のように、選択肢を「,」(半角カンマ)で区切って入力します。

時短ワザ豆知識

「Ctrl」+「D」ですぐ上の セルと同じデータを入力!

表の入力では、すぐ上のセルと同じデータを入力することが少なくありません。そんなときは、「Ctrl」キーを押しながら「D」キーを押すと、上から下へセルがコピーされます。1文字も入力することなく最速で入力できるので便利です。「D」は「Down」と覚えましょう。ちなみに左から右へコピーしたいときは、「Ctrl」キーを押しながら「Right」の「R」を押してください。

1	売上リスト		
2	日付	店舗名	売上高
3	2019/9/1	市ケ谷店	3,658,700
4	2019❶/2		
5			

❷「Ctrl」+「D」キー

↓

1	売上リスト		
2	日付	店舗名	売上高
3	2019/9/1	市ケ谷店	3,658,700
4	2019/9/2	市ケ谷店	
5		❸	

❶セルを選択して、❷「Ctrl」+「D」キーを押すと、❸上のセルと同じデータを入力できる。

03 都道府県、商品名、人名…、自分好みの順序で自動入力

部署名や商品名などを会社独自の順序で頻繁に入力するなら、その順序を「ユーザー設定リスト」としてつくりおきしておくのが鉄則です。1つ目のデータを入力するだけで、残りのデータをマウスのオートフィル操作（61ページ）で瞬時に入力できるようになります。「A、B、C…」「①、②、③…」のような連続データや、「北海道、青森県、岩手県…」のような地理順に並べた都道府県データなどを登録しておくのも、時短入力に有効です。

入力順序のつくりおき

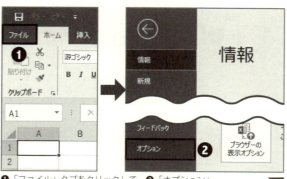

❶「ファイル」タブをクリックして、❷「オプション」をクリックする。

「Excel のオプション」画面が開いたら、❸「詳細設定」をクリックし、❹ 画面を下までスクロールして、❺「ユーザー設定リストの編集」をクリックする。

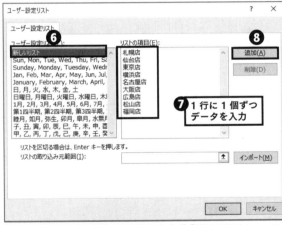

「ユーザー設定リストの編集」画面が開いたら、❻「新しいリスト」を選択し、❼「リストの項目」欄にデータを入力して、❽「追加」をクリックする。

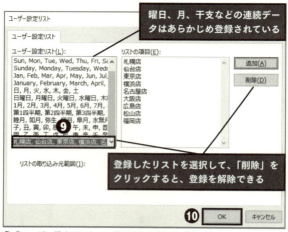

❾「ユーザー設定リスト」に登録されたら、❿「OK」をクリックする。すると「Excelのオプション」画面に戻るので、「OK」をクリックして閉じておく。

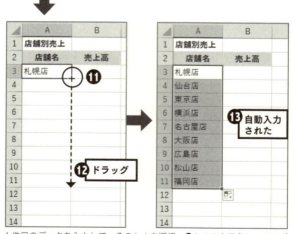

1件目のデータを入力して、そのセルを選択。⓫セルの右下角にマウスポインターを合わせると「+」の形になる。⓬その状態でドラッグすると、⓭登録したデータが入力される。

📁 Memo

ユーザー設定リストはパソコンに登録されるので、登録したデータは別のファイルでも利用できます。

なお、前ページの手順⑫で多めのセル範囲をドラッグした場合、「札幌店、仙台店、…、福岡店」のあとに再び「札幌店、仙台店、…」が繰り返し入力されます。

時短ワザ豆知識

連続データを超速入力できるオートフィル操作

選択したセルの右下角をドラッグする操作を「オートフィル」と呼びます。オートフィルを利用すると、日付や数値の連続データを素早く入力できます。

日付の連続データ

	A	B	C
1	2019/9/1		
2	2019/9/2		
3	2019/9/3		ドラッグ
4	2019/9/4		
5	2019/9/5		
6			
7			

先頭の日付を入力して、そのセルを選択し、右下角をドラッグすると、日付の連続データを入力できる。

数値の連続データ

	A	B	C
1	1		
2	2		
3	3		「Ctrl」+ドラッグ
4	4		
5	5		
6			
7			

「1」を入力して、そのセルを選択し、右下角を「Ctrl」キーを押しながらドラッグすると、数値の連続データを入力できる。

04 自動拡張術① 「行」が追加される方法

追加するデータに備えて、あらかじめ余分に罫線を引いておくことがあります。そのような表を印刷すると、罫線を引いただけの未入力の行も印刷されてしまいます。それでは見栄えがよくありませんし、用紙もムダになります。

そんなときは、条件付き書式を利用すると、データが入力されている行だけに罫線を自動表示できます。そもそも条件付き書式とは、指定した条件に当てはまるセルに色や罫線などの書式を表示する機能です。条件として「データが入力されている」を指定し、条件に当てはまるセルに表示する書式として「罫線」を指定すればいいのです。

罫線自動表示のつくりおき

❶設定対象のセル範囲を選択する。

	A	B	C	D
1	会員名簿			
2	会員番号	氏名	生年月日	TEL
3	1001	髙橋 省吾	1984/10/7	090-1234-XXXX
4	1002	飯島 弥生	1990/8/12	090-2345-XXXX
5	1003	野川 英人	1976/2/20	090-3456-XXXX
6				
7				
8				
9				

❶選択

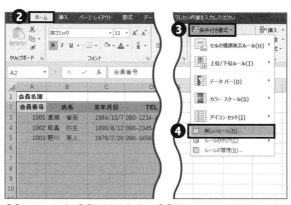

❷「ホーム」タブ→❸「条件付き書式」→❹「新しいルール」をクリックする。

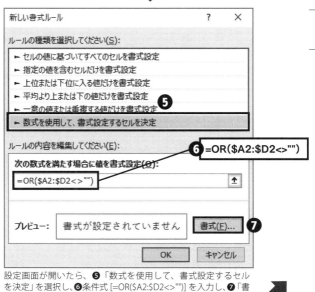

設定画面が開いたら、❺「数式を使用して、書式設定するセルを決定」を選択し、❻条件式 [=OR($A2:$D2<>"")] を入力し、❼「書式」をクリックする。

第2章 Excel 「楽」「ミスなし」を同時に手に入れるつくりおき

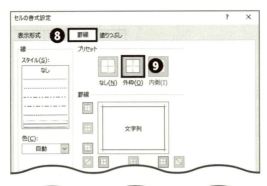

書式の設定画面が開いたら、❽「罫線」タブで❾「外枠」をクリック。これで、条件に合うセルの外枠に罫線を引ける。❿最後に「OK」をクリックすると元の画面に戻るので「OK」をクリックする。

❶入力済みの行だけに罫線が表示される。

❷新しい行にデータを入力してみる。

❸新しい行全体に罫線が表示される。なお、設定を解除するには、手順❶と同じセル範囲を選択し、「ホーム」タブの「条件付き書式」→「ルールのクリア」→「選択したセルからルールをクリア」をクリックすればよい。

ステップアップの豆知識

OR関数をほかの表に応用するには？

63ページの手順❻で入力した [=OR($A2:$D2<>"")] は、「セルA2～D2の少なくとも1つにデータが入力されている」という意味の条件式です。ほかの表に同様の設定する場合は、条件式の「A」の部分に設定範囲の先頭列の列番号、「D」の部分に最終列の列番号、2カ所ある「2」の部分に先頭行の行番号を当てはめてください。

例えば、セルB4～G4のセル範囲に対して設定する場合の条件式は、[=OR($B4:$G4<>"")] となります。なお、設定範囲の最終行の行番号は、条件式に影響しません。

05 自動拡張術② 「塗りつぶし」「数式」が自動で追加される方法

1行目に見出しがあり、2行目以降にデータを入力するタイプの表は、「テーブル」に変換するのがおすすめです。新しい行にデータを入力すると、自動で塗りつぶしや罫線などの書式が拡張し、数式も自動入力されるので、時短に効果絶大です。

テーブルのつくりおき

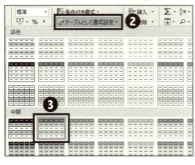

❶表のセル範囲を選択し、「ホーム」タブにある❷「テーブルとして書式設定」をクリックし、❸表示されるデザイン見本から好きなデザインをクリックする。

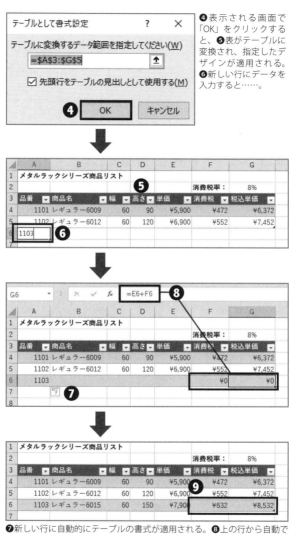

❹表示される画面で「OK」をクリックすると、❺表がテーブルに変換され、指定したデザインが適用される。❻新しい行にデータを入力すると……。

❼新しい行に自動的にテーブルの書式が適用される。❽上の行から自動で数式がコピーされるので、❾データを入力すると即座に計算が行われる。

Memo

テーブルを解除するには、テーブル内のセルを選択して、「デザイン」タブの「クイックスタイル」から「クリア」を選択してから「範囲に変換」をクリックします。

ステップアップの豆知識

フィルターを利用するには？

表をテーブルに変換すると、見出しのセルに「▼」ボタンが表示されます。これを利用すると、必要なデータを素早く抽出できます。以下の例では、「高さ」が「150」の商品を抽出しています。

❶「高さ」の「▼」をクリックして、❷表示されるメニューから「150」だけにチェックを入れて「OK」をクリックすると、❸「高さ」が「150」の商品を抽出できる。

06 「何の表かわからない」がなくなる見出し印刷ワザ

複数ページにわたる大きな表を印刷すると、通常は2ページ目以降に見出しが付かないので、データの意味が分かりづらくなります。そこで、2ページ目以降にも1ページ目と同じ見出しが印刷されるように、見出し印刷をつくりおきしましょう。

見出し印刷のつくりおき

❶ワークシートの3行目にある見出しが全ページに印刷されるようにしたい。まず、❷「ページレイアウト」タブの❸「印刷タイトル」をクリックする。

❹「ページ設定」画面が開くので、❺「シート」タブにある❻「タイトル行」欄をクリックしてカーソルを表示する。

❼ワークシートの3行目をクリックする。❽「タイトル行」欄に「$3:$3」と入力されたら、❾「OK」をクリックする。

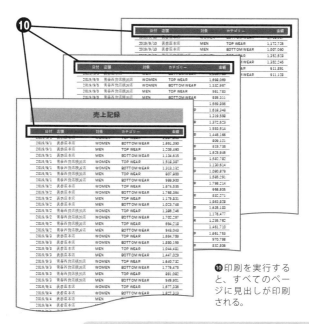

❿印刷を実行すると、すべてのページに見出しが印刷される。

ステップアップの豆知識

ページ番号を印刷するには？

前ページの手順❹の画面の「ヘッダー/フッター」タブで「ヘッダー」欄から「1 / ? ページ」を選択すると、用紙の上部にページ番号と総ページ数を印刷できます。

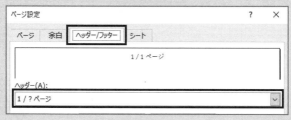

07 会社のロゴを全ページに表示するプロ技

文書を印刷するときに、用紙に会社のロゴマークを入れておくと、本格的なビジネス文書に仕上がります。ロゴマークのサイズが大きい場合、画像が表と重なって表示されるので、倍率を調整して見栄えの良いサイズにしましょう。

ロゴ印刷のつくりおき

❶「表示」タブの「ページレイアウト」をクリック

❶「表示」タブの「ページレイアウト」をクリックすると、印刷イメージの編集画面に変わる。❷余白の右上部分をクリックし、❸「ヘッダー/フッター」タブ(バージョンによっては「デザイン」タブ)の❹「図」をクリックする。

❺「図の挿入」画面が開いたら、❻ロゴファイルを指定して、❼「挿入」をクリックする。

❽枠内に「&[図]」と表示される。

❾セルをクリックすると、❿ロゴ画像が表示される。

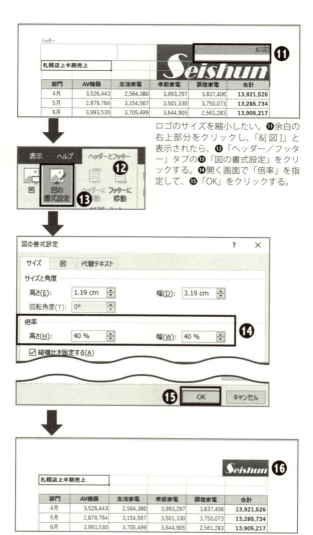

ロゴのサイズを縮小したい。⓫余白の右上部分をクリックし、「&[図]」と表示されたら、⓬「ヘッダー/フッター」タブの⓭「図の書式設定」をクリックする。⓮開く画面で「倍率」を指定して、⓯「OK」をクリックする。

⓰ロゴ画像のサイズが変わる。「表示」タブの「標準」をクリックすると、元の編集画面に戻る。

08 「ひな型データをうっかり上書き」がなくなるテンプレ設定術

　経費精算書、日程表、見積書など、よく使う書類は、項目名や計算式を組み込んだひな型ファイルを用意しておくと、空欄を穴埋めするだけで簡単に作成できるので便利です。ただし、利用する際にひな型ファイルのコピーを忘れて、ひな型そのものにデータを上書きしてしまうと大変です。次にひな型を使うときに、余計なデータが表示されてしまうからです。

　そんな失敗を回避するには、ひな型ファイルを「Excel テンプレート」というファイル形式で保存しましょう。作成した Excel テンプレートのアイコンをダブルクリックすると、自動的に新規ファイルにひな型がコピーされます。データを入力して保存すると新しいファイルとして保存されるので、ひな型ファイルは元の状態のまま残ります。つまり、ひな型に誤ってデータを書き込む心配がなくなるのです。

　なお、「Excel テンプレート」と、通常の Excel のファイル形式である「Excel ブック」とでは、拡張子（ファイルの種類を区別する記号、178 ページ参照）が異なります。Excel テンプレートの拡張子は「.xltx」、Excel ブックの拡張子は「.xlsx」となります。

テンプレートファイルのつくりおき

❶ここでは図のような経費精算書をテンプレートファイルとして保存する。❷「F12」キーを押す。

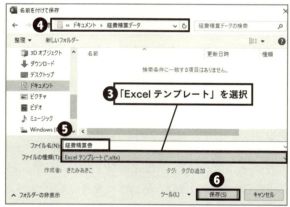

「名前を付けて保存」画面が表示される。❸「ファイルの種類」欄から「Excelテンプレート」を選択し、❹保存先と❺ファイル名(ここでは「経費精算書」)を指定して、❻「保存」をクリックする。以上でテンプレートファイルの作成完了。いったんExcelを閉じておく。

❼ テンプレートの保存先のフォルダーを開く

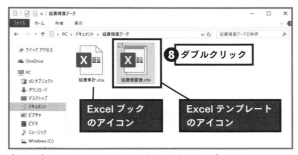

❼テンプレートの保存先のフォルダーを開く。テンプレートファイルは、通常の Excel ファイルとはアイコンの絵柄や拡張子が異なる。❽テンプレートファイルをダブルクリックする。

❾経費精算書が表示される。❿ファイル名は「経費精算書1」となる。あとは、必要事項を入力して、通常通りの保存操作を行えばよい。

> **Memo**
>
> テンプレートファイルそのものを編集したいときは、手順❼~❽を実行してファイルを表示します。編集後、手順❷~❻を実行して、元のテンプレートファイルと同じファイル名で保存します。

ステップアップの豆知識

テンプレートフォルダーに保存するのも便利

76ページの手順❸でファイルの種類として「Excel テンプレート」を選択すると、自動的に手順❹の保存先が「Office のカスタムテンプレート」に変わります。そこに保存した場合、次の手順でテンプレートを開けます。

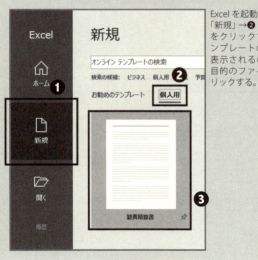

Excelを起動して、❶「新規」→❷「個人用」をクリックする。テンプレートの一覧が表示されるので、❸目的のファイルをクリックする。

09 サイズ、余白…、Excel印刷設定をテンプレ化する方法

用紙のサイズや向き、余白、ロゴなど、共通の印刷設定を複数の文書で使いたい場合は、印刷設定を行ったファイルを「Excel テンプレート」としてつくりおきしましょう。ファイルアイコンをダブルクリックするだけで、印刷設定済みの新規ファイルを瞬時に作成できます。

印刷設定のつくりおき

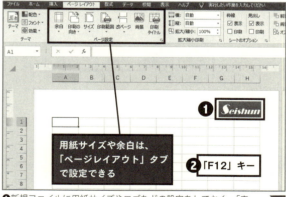

❶新規ファイルに用紙サイズやロゴなどの設定をしておく。「表示」タブの「標準」をクリックして標準の編集画面に戻してから、❷「F12」キーを押す。

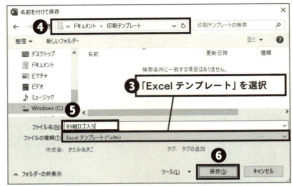

「名前を付けて保存」画面が表示される。❸「ファイルの種類」欄から「Excelテンプレート」を選択し、❹保存先と❺ファイル名（ここでは「B5縦ロゴ入り」）を指定して、❻「保存」をクリックする。いったん Excel を閉じておく。

❼ テンプレートの保存先のフォルダーを開く

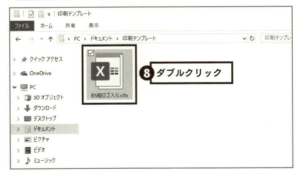

❼テンプレートの保存先のフォルダーを開き、❽テンプレートファイルをダブルクリックすると、印刷設定済みの新規ファイルが表示される。

10 「うっかり書き換え」がなくなるシート保護術

苦労して作った表のデータを Excel 初心者の新人に誤って消されてしまった……、という経験はないでしょうか。そのような誤操作を防ぐには、「シートの保護」を設定しましょう。そうすればセルにロックがかかり、うっかりデータを書き換えてしまう心配がなくなります。シートの保護と一緒にパスワードを設定することも可能で、悪意がある意図的な編集からもデータと数式を守れます。

シートの保護のつくりおき

データの変更を禁止したいワークシートを表示し、❶「校閲」タブの❷「シートの保護」をクリックする。

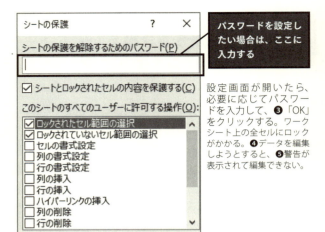

パスワードを設定したい場合は、ここに入力する

設定画面が開いたら、必要に応じてパスワードを入力して、❸「OK」をクリックする。ワークシート上の全セルにロックがかかる。❹データを編集しようとすると、❺警告が表示されて編集できない。

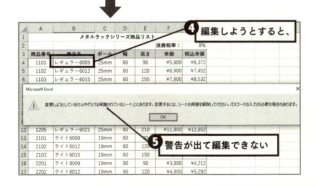

❹編集しようとすると、

❺警告が出て編集できない

🗐 Memo

データや数式の変更が必要になったときは、「校閲」タブの「シート保護の解除」をクリックすると編集できる状態になります。「シートの保護」の設定時にパスワードを指定した場合は、解除するときにパスワードの入力を求められます。

11 「入力可」「入力不可」を使い分ける規制術

　見積書や請求書など、用意されたフォーマットにデータを入力して使い回す文書では、見出しや数式を誤って消してしまうと大変です。前項で紹介した「シートの保護」を利用すればセルをロックできますが、すべてのセルがロックされてしまうと入力欄で入力ができなくなってしまいます。

　入力欄のセルは編集可能、それ以外のセルは編集不可、という状態にするには、「シートの保護」を設定する前に、「入力欄のセルのロックをオフにする」という操作を行いましょう。

　そもそもセルには「ロック」という設定項目があり、初期設定ではすべてのセルの「ロック」がオンになっています。ただし、「ロック」のオン／オフが効果を発揮するのは、「シートの保護」を設定したときです。「シートの保護」を設定すると、初期状態の「ロック」がオンのセルは編集不可、あらかじめ「ロック」をオフにしておいたセルは編集可能、となるのです。

　一律に全セルをロックしたい場合は「シートの保護」のみを設定し、一部のセルを編集可能にしたい場合は「ロック」と「シートの保護」の両方を設定すればいいわけです。

入力可能欄のつくりおき

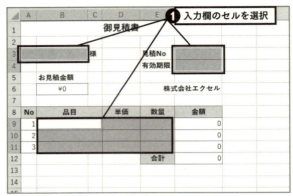

見積書の入力欄以外のセルを編集できないようにしたい。まず、❶入力欄のセルを選択する。最初のセルを選択した後、2カ所目以降は「Ctrl」キーを押しながらドラッグすると、まとめて選択できる。

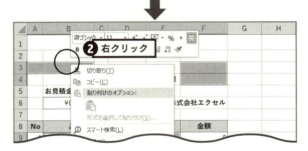

❷選択したいずれかのセルを右クリックし、❸表示されるメニューから「セルの書式設定」をクリックする。

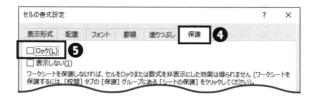

開く画面の❹「保護」タブで❺「ロック」のチェックを外し、❻「OK」をクリックする。

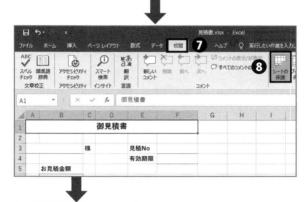

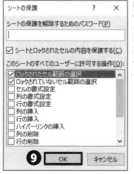

続いて、❼「校閲」タブの❽「シートの保護」をクリックする。設定画面が表示されたら、❾「OK」をクリックする。なお、見出しや数式の悪意ある意図的な書き換えを防ぎたい場合は、手順❾の画面でパスワードを設定しておこう。単に誤操作による書き換えを防ぎたいときは、パスワードは不要。

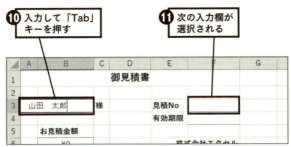

実際に試してみよう。❿1つ目の入力欄にデータを入力して「Tab」キーを押すと、⓫次の入力欄のセルが選択される。「Tab」キーを押すことによって、入力欄のセルだけを次々と移動して効率よく入力できる。

	A	B	C	D	E	F	G
1				御見積書			
2							
3	山田　太郎		様		見積No	123456	
4					有効期限	2019/9/15	
5		お見積金額					
6		¥158,000			株式会社エクセル		
7							
8	No	品目		単価	数量	金額	
9	1	キャビネット		28,000	2	56,000	
10	2	パーティション		54,000	1	54,000	
11	3	PCラック		16,000	3	48,000	
12					合計	158,000	

Microsoft Excel

⚠ 変更しようとしているセルやグラフは保護されているシート上にあります。変更するには、シートの保護を解除してください。パスワードの入力が必要な場合もあります。

OK

⓬入力欄以外のセルを編集しようとすると、⓭警告が出る。なお、見出しや数式を修正したいときは、「校閲」タブの「シート保護の解除」をクリックしてシートの保護を解除しよう。

12 入力規則術①　間違い入力を完全阻止

「桁数を間違えて大量発注」「見積りの有効期限を間違えて上司から大目玉」…。このような経験をしたことはないでしょうか。そんな失敗を防ぐためにぜひ覚えておきたいのが「データの入力規則」という機能です。これを利用すると、セルに特定の種類、特定の範囲のデータしか入力できないように設定できます。

例えば、日付欄のセルに「〇年〇月〇日～△年△月△日」という入力規則を設定しておくと、範囲外の日付を入力したときにエラーメッセージが表示され、正しいデータの入力が促されます。つまり、間違ったデータの入力を阻止できるのです。

設定のポイントは2つ。1つは、入力するデータの種類に応じて「入力値の種類」を正しく選ぶこと（次ページ手順❺）。「整数」「小数点数」「日付」「時刻」「文字列（長さ指定）」などから選べます。もう1つは、データの範囲を正確に指定すること。「次の値の間」「次の値以上」「次の値以下」といった項目と一緒に条件となる日付や数値を指定します（次ページ手順❻❼）。入力規則をつくりおけば、入力の都度データの妥当性をエクセルが自動でチェックしてくれるので、大幅な時短になるでしょう。

第2章　Excel　「楽」「ミスなし」を同時に手に入れるつくりおき

入力規則のつくりおき

特定の期間の日付しか入力できないようにしたい。❶日付の入力欄のセルを選択し、❷「データ」タブにある❸「データの入力規則」をクリックする。

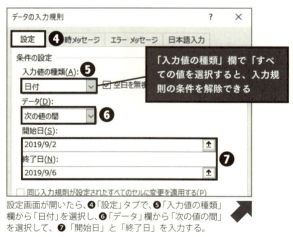

「入力値の種類」欄で「すべての値を選択すると、入力規則の条件を解除できる

設定画面が開いたら、❹「設定」タブで、❺「入力値の種類」欄から「日付」を選択し、❻「データ」欄から「次の値の間」を選択して、❼「開始日」と「終了日」を入力する。

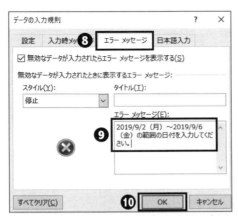

続いて、❽「エラーメッセージ」タブに切り替え、❾入力規則に違反するデータが入力されたときに表示するメッセージ文を入力し、❿「OK」をクリックする。

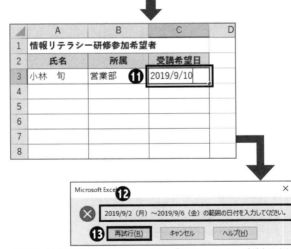

⓫指定した範囲以外の日付を入力すると、⓬エラーメッセージが表示される。⓭「再試行」をクリックして、正しいデータを入力し直す。

Memo

入力規則がチェックされるのは、手入力したデータです。コピー／貼り付けしたデータは、チェックされません。

ステップアップの豆知識

セルの値を条件として入力規則を設定する

セルに入力したデータを入力規則の条件として使用することもできます。

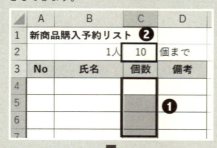

❶「個数」欄に、❷セルC2以下（ここでは「10」以下）の整数しか入力できないようにしたい。

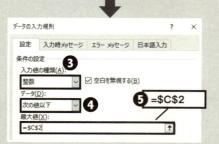

設定画面を開き、❸「入力値の種類」欄から「整数」を選択し、❹「データ」欄から「次の値以下」を選択して、❺「最大値」欄に「=$C$2」と半角で入力する。

13 入力規則術② 重複入力を徹底阻止

顧客番号欄に誤って同じ番号が入力されるのを禁止したい。そんなときは、「データの入力規則」を利用して、重複したデータが入力されたときにエラーメッセージを出す仕組みをつくりおきしましょう。入力するデータが多い場合でも、Excelが重複データを自動でチェックしてくれるので、安心して入力に臨めます。

重複入力禁止規則のつくりおき

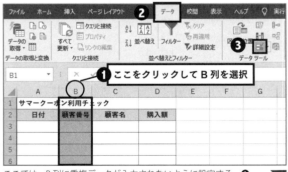

ここでは、B列に重複データが入力されないように設定する。❶ B列の列番号をクリックしてB列全体を選択し、❷「データ」タブにある❸「データの入力規則」をクリックする。

設定画面が開いたら、❹「設定」タブで、❺「入力値の種類」欄から「ユーザー設定」を選択し、❻「数式」欄に図の数式を入力する。

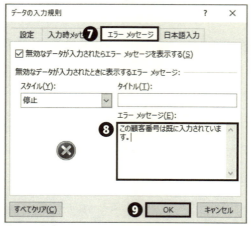

続いて、❼「エラーメッセージ」タブに切り替え、❽入力規則に違反するデータが入力されたときに表示するメッセージ文を入力し、❾「OK」をクリックする。

	A	B	C	D	E	F
1	サマークーポン利用チェック					
2	日付	顧客番号	顧客名	購入額		
3	2019/7/20	C35201	萩尾 慶子	¥26,800		
4	2019/7/20	R33014	後藤 正敏	¥9,700		
5	2019/7/21	K01023	南 洋介	¥113,500		
6	2019/7/21	C35201	❿			
7						
8			⓫「Enter」キー			
9						
10						

❿ B列に重複データを入力してみる。ここでは、セル B3 と同じデータを入力した。⓫「Enter」キーを押すと…。

⓬エラーメッセージが表示される。⓭「再試行」をクリックして、正しいデータを入力し直す。

ステップアップの豆知識

COUNTIF 関数をほかの表に応用するには？

前ページの手順❻で入力した [=COUNTIF(B:B,B1)=1] は、「B列の中に現在のセルと同じ値が 1 個しかない」という条件を意味します。ここでは B 列に設定を行いましたが、C 列に設定したい場合は、式中の「B」を「C」に変えて、[=COUNTIF(C:C,C1)=1] を指定してください。

14 入力規則術③ もっと手軽に重複入力を抑制

前項では「データの入力規則」機能を使った重複入力禁止の方法を紹介しましたが、より簡易的に設定するには「条件付き書式」機能を使いましょう。指定した範囲に重複データが入力されたときに、セルに色を付けて知らせてくれます。言わば「重複入力アラート」のつくりおきです。

重複入力アラートのつくりおき

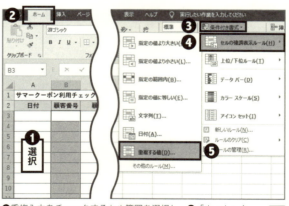

❶重複入力をチェックするセル範囲を選択し、❷「ホーム」タブ→❸「条件付き書式」→❹「セルの強調表示ルール」→❺「重複する値」をクリックする。

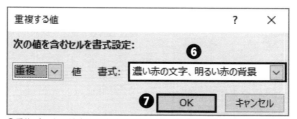

❻重複データに設定する書式を選択して、❼「OK」をクリックする。これで設定完了。

	A	B	C	D	E	F
1	サマークーポン利用チェック					
2	日付	顧客番号	顧客名	購入額		
3	2019/7/20	C35201	萩尾　慶子	¥26,800		
4	2019/7/20	R33014	後藤　正敏	¥9,700		
5	2019/7/21	K01023	南　洋介	¥113,500		
6	2019 ❽	C35201	❾「Enter」キー			
7						

❽B列に重複データを入力してみる。ここでは、セルB3と同じデータを入力した。❾「Enter」キーを押すと…。

	A	B	C	D	E	F
1	サマークーポン利用チェック					
2	日付	顧客番号	顧客名	購入額		
3	2019/7/20	C35201	萩尾　慶子	¥26,800		
4	2019/7/20	R33014	後藤　正敏	¥9,700		
5	2019/7/21	K01023	南　洋介	¥113,500	❿	
6	2019/7/21	C35201			重複データに色が付いた	
7						

❿同じデータのセルに色が付いた。

	A	B	C
1	サマークーポン利用チェック		
2	日付	顧客番号	顧客
3	2019/7/20	C35201	萩尾 慶
4	2019/7/20	R33014	後藤 正
5	2019/7/21	K01023	南 洋介
6	2019/7/21	C35202	
7			
8		⓫ 修正	

⓫重複データの一方の値を修正すると、2つのセルから色が消える。なお、条件付き書式を解除するには、手順❶と同じセル範囲を選択し、「ホーム」タブの「条件付き書式」→「ルールのクリア」→「選択したセルからルールをクリア」をクリックする。

時短ワザ豆知識

「Ctrl」+「Shift」+「↓」で、ワークシートの下端のセルまで一括選択

入力規則や条件付き書式を設定する際に、特定のセルからワークシートの下端までのセル範囲に設定を行いたいことがあります。セルが未入力の状態であれば、先頭のセルを選択して、「Ctrl」+「Shift」+「↓」キーを押すと、下端までのセル範囲を素早く選択できます。

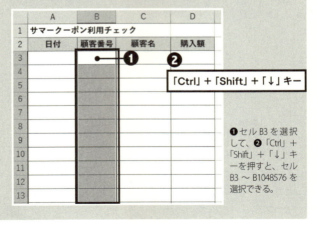

❶セル B3 を選択して、❷「Ctrl」+「Shift」+「↓」キーを押すと、セル B3 〜 B1048576 を選択できる。

第 3 章

Word
文書作りがはかどるつくりおき

01 よく使う「形式フレーズ」の登録術

いつも決まった書式で入力しているフレーズは、「クイックパーツ」として Word に登録しておくのが時短の鉄則です。登録したフレーズは、いつでも「挿入」タブのメニューから簡単に呼び出せます。フォントや文字配置などの書式を設定した文字を登録しておけば、設定した書式のまま呼び出せるので、文字入力と書式設定の手間をダブルで省けます。

よく使うフレーズのつくりおき

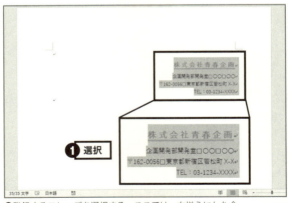

❶登録するフレーズを選択する。ここでは、右揃えにした会社名と会社住所を選択した。

❷「挿入」タブの❸「クイックパーツの表示」をクリックして、❹「選択範囲をクイックパーツギャラリーに保存」をクリックする。

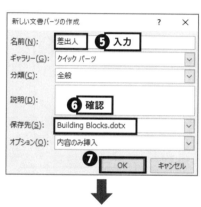

「新しい文書パーツの作成」画面が開いたら、❺フレーズにわかりやすい名前(ここでは「差出人」)を付ける。❻自動で表示される登録先のファイルを確認して、❼「OK」をクリックする。

❽ Word を終了すると、手順❻で表示されたファイルへの保存確認が表示される。❾「保存」をクリックすると、クイックパーツの登録が完了する。

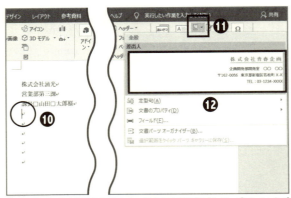

クイックパーツを使用してみよう。新たに文書を作成して、❿クイックパーツを挿入したい位置にカーソルを置く。⓫「挿入」タブにある「クイックパーツの表示」をクリックすると、⓬登録したクイックパーツが表示されるので、クリックする。

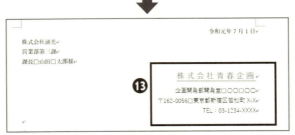

⓭クイックパーツが、右揃えなどの書式が設定された状態で入力される。

🗗 Memo

手順⓬のクイックパーツを右クリックして、「整理と削除」をクリックすると、設定画面が表示され、目的のクイックパーツを削除できます。

時短ワザ豆知識

「F3」キーで素早く入力！

クイックパーツを入力するには、99ページの手順❺で指定した名前を入力して「F3」キーを押す方法もあります。マウスに持ち替えずに済むので、素早く入力できます。

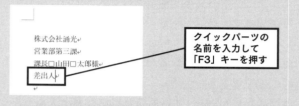

クイックパーツの名前を入力して「F3」キーを押す

ステップアップの豆知識

登録したクイックパーツを 他のパソコンで使う方法

クイックパーツは、標準では次のフォルダーにある「Building Blocks.dotx」というファイルに保存されます。

C:¥Users¥（ユーザー名）¥AppData¥Roaming¥Microsoft¥Document Building Blocks¥1041¥（数値）

「Building Blocks.dotx」を別のパソコンの上記のフォルダーに別名でコピーすると、登録したクイックパーツを別のパソコンでも使用できます。別名にするのは、コピー先のパソコンにある同名ファイルを上書きしないようにするためです。なお、「AppData」フォルダーは隠しフォルダーなので、179ページを参考に表示してください。

02 よく使う「表」の登録術

　作成した表を別の文書でも使いたいことありませんか？ 特定の文書で使うだけならコピー／貼り付けが簡単ですが、不特定多数の文書で使い回すなら「クイック表」として Word に登録しておきましょう。色や線などのデザインと中の文字をひとまとめにして登録できます。登録したクイック表を呼び出すのも簡単。「挿入」タブのメニューから選択するだけです。利用しない手はありません。

よく使う表のつくりおき

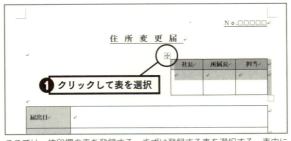

❶ クリックして表を選択

ここでは、捺印欄の表を登録する。まずは登録する表を選択する。表内にマウスポインターを合わせ、❶表の左上に表示される移動ハンドルをクリックすると、表全体を選択できる。

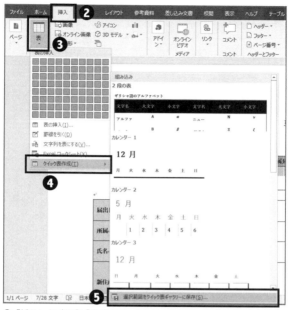

❷「挿入」タブの❸「表の追加」をクリックして、❹「クイック表作成」→❺「選択範囲をクイック表ギャラリーに保存」をクリックする。

「新しい文書パーツの作成」画面が開いたら、❻表にわかりやすい名前（ここでは「捺印欄」）を付ける。❼自動で表示される登録先のファイルを確認して、❽「OK」をクリックする。

第3章　Word 文書作りがはかどるつくりおき

❾ Word を終了する

❾ Word を終了すると、手順❼で表示されたファイルへの保存確認が表示される。❿「保存」をクリックすると、クイック表の登録が完了する。

クイック表を使用してみよう。新たに文書を作成して、⓫クイック表を挿入したい位置にカーソルを置く。

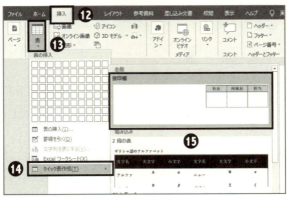

⓬「挿入」タブ→⓭「表の追加」→⓮「クイック表作成」をクリックすると、⓯登録したクイック表が表示されるので、クリックする。

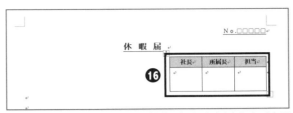

⓰クイック表が挿入される。なお、手順⓯のクイック表を右クリックして、「整理と削除」をクリックすると、設定画面が表示され、目的のクイック表を削除できる。

ステップアップの豆知識

そもそもWordで表を作成するには？

Wordで表を作成するには、次のように操作します。

表の作成位置にカーソルを置いておく。❶「挿入」タブの❷「表の追加」をクリックして、❸作成したい行数と列数の分だけドラッグする。

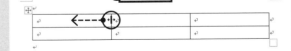

表が作成される。❹境界線にマウスポインターを合わせ、双方向矢印の形になったところでドラッグすると、列の幅や行の高さを調整できる。

03 よく使う「書式」の登録術

「各ページのタイトルに太字、フォントサイズ、網かけ、中央揃えを設定したい」……。複数の書式を1つずつ複数の個所に設定するのは面倒ですし、「このページだけ書式が違う」といった失敗も起こりがちです。「書式のコピー／貼り付け」を利用するから大丈夫、と思う人、ちょっと待ってください。何ページにも渡る文書で「書式のコピー／貼り付け」を実行するよりも良い方法があります。

1カ所目に書式を設定して、その書式を「スタイル」としてWordに登録しておきましょう。スタイルの一覧から選ぶだけで、統一された書式を素早く簡単に設定できるようになります。

よく使う書式のつくりおき

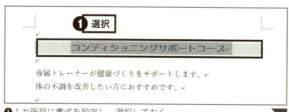

❶ 1カ所目に書式を設定し、選択しておく。

❷「ホーム」タブの「スタイル」欄の右端に小さいボタンが3つある。❸その中の一番下のボタンをクリックする。

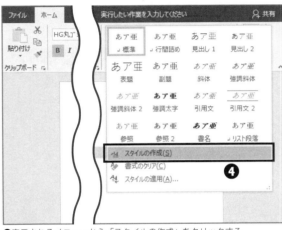

❹表示されるメニューから「スタイルの作成」をクリックする。

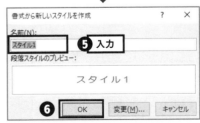

❺登録するスタイルの名前を入力して、❻「OK」をクリックする。

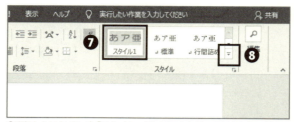

❼登録したスタイルが「スタイル」欄に表示される。表示されない場合は、❽右端の一番下のボタンをクリックすると、登録されているすべてのスタイルを表示できる。

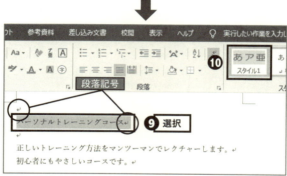

スタイルを使用してみよう。まず、❾設定先の段落を選択。段落とは、段落記号から段落記号までの範囲のこと。続いて、❿「スタイル」欄から目的のスタイルをクリックする。

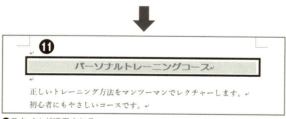

⓫スタイルが適用される。

ステップアップの豆知識

リンクスタイルで何ができる？

　ここで紹介した方法では、「リンクスタイル」という種類のスタイルが作成されます。リンクスタイルは、「文字書式」と「段落書式」の両方が登録されることが特徴です。

　文字書式とは、フォント、フォントサイズ、太字、フォントの色など、文字単位で設定する書式のことです。また、段落書式とは中央揃え、インデント、箇条書きなど段落単位で設定する書式のことです。

時短ワザ豆知識

ショートカットキーで
素早くスタイルを変更する方法

　スタイルにショートカットキーを割り当てると、素早く操作できるようになります。

　まず、前ページの手順❼の画面でスタイルを右クリックし、「変更」を選びます。表示される「スタイルの変更」画面の下部にある「書式」→「ショートカットキー」をクリックすると、ショートカットキーの設定画面が現れます。「割り当てるキーを押してください」欄にカーソルを置き、割り当てたいショートカットキーを実際に押します。

　続いて、「保存先」欄から現在のファイルを選択し、「割り当て」ボタンをクリックすると、ショートカットキーが割り当てられます。

04 よく使う「文字スタイル」の登録術

　スタイルには、前項で紹介したリンクスタイルのほかに、「文字スタイル」があります。長い文書の中で文字書式だけを使い回したい場合は、文字スタイルをつくりおきしましょう。「注意事項」「強調項目」「カッコ書き」など、目的ごとに専用の文字書式をつくりおくことで、文書が何十ページある場合でも、効率よく書式の統一が図れます。

よく使う文字書式のつくりおき

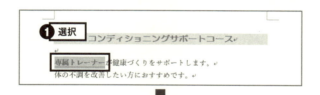

❶太字や下線などの文字書式を設定した文字を選択し、❷「ホーム」タブの❸「スタイル」欄にある、右端の一番下のボタンをクリックする。

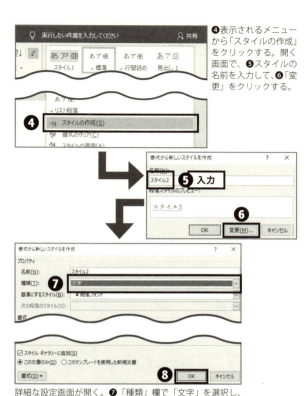

❹表示されるメニューから「スタイルの作成」をクリックする。開く画面で、❺スタイルの名前を入力して、❻「変更」をクリックする。

詳細な設定画面が開く。❼「種類」欄で「文字」を選択し、❽「OK」をクリックすると、手順❶で選択した文字の書式が文字スタイルとして登録される。

Memo

手順❼の画面下部で「この文書のみ」を選択すると、スタイルが文書ファイルに保存されます。「このテンプレートを使用した新規文書」を選択すると、登録するスタイルが今後作成する新規文書でも使用できるようになります。

❾登録したスタイルが「スタイル」欄に表示される。表示されない場合は、❿右端の一番下のボタンをクリックすると表示できる。

スタイルを使用してみよう。⓫設定対象の文字を選択して、⓬「スタイル」欄から目的のスタイルをクリックする。

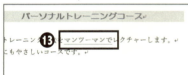

⓭文字スタイルが適用される。

🗂 Memo

段落を選択してリンクスタイルを設定した場合、あらかじめ設定されていた段落書式がリンクスタイルの段落書式で上書きされます。一方、段落を選択して文字スタイルを設定した場合は、あらかじめ設定されていた段落書式を残したまま文字書式を適用できます。

ステップアップの豆知識

スタイルを削除するには？

スタイルが不要になったときは、「スタイル」画面から下図のように削除します。

なお、「スタイル」画面のスタイル名の右側に表示される記号は、スタイルの種類を表します。例えば、「a」は文字スタイルを表します。

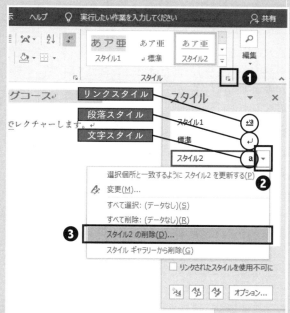

❶「スタイル」欄の右下隅にある小さいボタンをクリックして、❷削除するスタイルの「▼」ボタンをクリックし、❸「(スタイル名) の削除」をクリックする。

05 見出し、目次…、長文作成の鉄則ワザ

　長文の作成では、「これはどこに書いたっけ？」「結論のページまでの長いスクロールが面倒」「第3章を第4章の後ろに移動したくて何ページもドラッグしているうちに文書がメチャクチャになってしまった……」といった問題が起こりがちです。

　そのような問題を一挙解決するのが「ナビゲーションウィンドウ」、言わば「リンク付き目次」です。文書を作成する際に、大見出しには「見出し1」、小見出しには「見出し2」という具合に、見出しの階層に応じて見出し専用のスタイルを設定しておくと、「見出し1」や「見出し2」の文字列が自動的にナビゲーションウィンドウに表示されます。全体の構成を一目で把握できるので便利です。見出しをクリックすれば、該当ページに瞬時にジャンプでき、長文の行き来も自由自在です。第3章と第4章を入れ替えるには、目次の見出しを入れ替えるだけ。

　ただし、初期設定の「見出し1」「見出し2」は見栄えのしないデザインなので、色を付けるなど、書式の変更は必須です。そこで、ここでは見出しの書式をつくりおく方法と、ナビゲーションウィンドウを活用する方法、および見出しから本当の目次を作成する方法の3つのワザを紹介します。

見出し書式のつくりおき

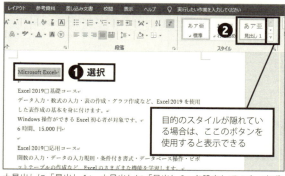

目的のスタイルが隠れている場合は、ここのボタンを使用すると表示できる

大見出しに「見出し1」、小見出しに「見出し2」を設定していく。まず、❶大見出しの項目を選択して、❷「ホーム」タブの「スタイル」欄から「見出し1」をクリックする。

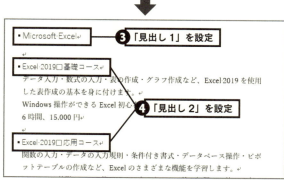

❸❹ここでは図のように「見出し1」「見出し2」を設定した。見出しスタイルを設定した段落は文字のサイズが大きくなり、先頭には「・」マークが表示される。

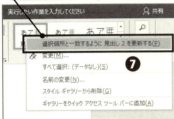

❺次に、見出しスタイルの書式の変更方法を説明する。ここでは「見出し2」の書式を変更してみよう。「見出し2」を設定した段落の一方に好みの書式を設定し、選択しておく。

❻「ホーム」タブの「スタイル」欄の「見出し2」を右クリックし、❼「選択個所と一致するように見出し2を更新する」をクリックする。

❽「見出し2」が設定されていた段落が、手順❺と同じ書式に統一される。

116

❾「スタイル」欄の「見出し2」のデザインも変更されるので、今後「見出し2」を設定する段落にもこの書式が適用される。なお、スタイルの書式の変更は、この文書のみに適用される。

> **Memo**
>
> 手順❺では、「太字」と「段落の網かけ」を設定しました。段落の網かけを設定するには、段落を選択して、「ホーム」タブの「罫線」の右の「▼」ボタンをクリックし、「線種とページ罫線と網かけの設定」をクリックします。表示される設定画面の「網かけ」タブで「背景の色」を選択すると、段落の背景に色が付きます。

ナビゲーションウィンドウの利用

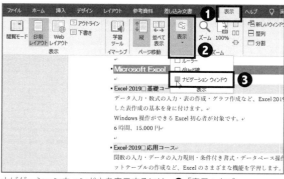

ナビゲーションウィンドウを表示するには、❶「表示」タブ→❷「表示」→❸「ナビゲーションウィンドウ」をクリックしてチェックを付ける。

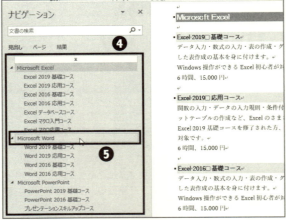

画面左側にナビゲーションウィンドウが開き、❹「見出し1」「見出し2」を設定した項目が階層構造で表示され、文書全体の構造を把握できる。❺項目(ここでは「Microsoft Word」)をクリックしてみる。

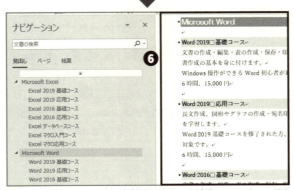

❻「Microsoft Word」のページが表示される。ナビゲーションウィンドウで選択したページに即座にジャンプできるので便利。

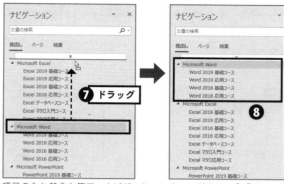

項目の入れ替えも簡単。ナビゲーションウィンドウで、❼「Microsoft Word」にマウスポインターを合わせ、文書の先頭にドラッグする。すると、❽下位の見出しや本文ごとまとめて移動する。

目次の作成

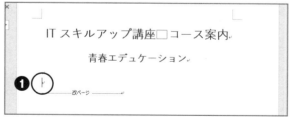

見出しスタイルを適用した文書であれば、見出し項目から目次を自動作成できる。まず、❶目次の挿入位置をクリックする。

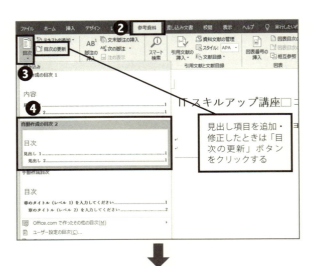

❷「参考資料」タブ→❸「目次」→❹「自動作成の目次 2」をクリックすると、❺目次が作成される。

06 デザインフォーマットの使い回し術

社内で作成する長文をいつも同じデザインのフォーマットに仕上げたい……。そんなときは「スタイルセット」の出番です。スタイルセットとは、複数のスタイルを1組のグループとして登録したもの。自分で作成したスタイルや、コーポレートカラーで修飾した見出しスタイルなどを「スタイルセット」として登録しておけば、いつも同じスタイルで素早く文書を作成できるので時短に効果的です。

スタイルセットのつくりおき

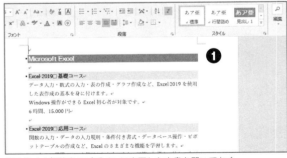

❶スタイルを独自のデザインに変更した文書を開いておく。これをもとにスタイルセットを作成していく。

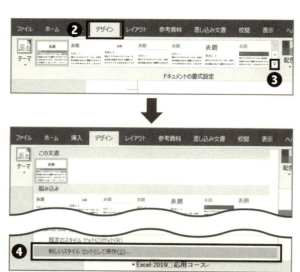

❷「デザイン」タブの❸「ドキュメントの書式設定」欄にある小さいボタンをクリックし、❹表示されるメニューから「新しいスタイルセットとして保存」をクリックする。

保存画面が表示される。❺自動で表示される保存先のまま、❻スタイルセットに付ける名前を入力して、❼「保存」をクリックする。以上で設定が完了するので、ファイルを閉じておく。

❽新規文書を作成し、前ページの手順❷〜❸を実行する。❾開くメニューの「ユーザー設定」欄に、登録したスタイルセットが表示されるので、それをクリックする。

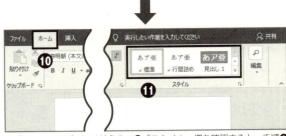

❿「ホーム」タブに切り替える。⓫「スタイル」欄を確認すると、手順❶の文書と同じデザインのスタイルが表示されていることがわかる。ここからスタイルを設定すれば、いつも同じデザインの文書を作成できる。

Memo

手順❾のスタイルセットを右クリックして、表示されるメニューから「削除」をクリックすると、登録したスタイルセットを削除できます。

07 自動チェックで、スルーしがちな文書ミスが消える方法

1つの文章の中では、「です・ます」調か「だ・である」調のどちらかに文体を統一するのが基本です。しかし、長い文章を打ち込んでいる間に、うっかり混在させてしまうこともあるでしょう。そこで、文体のチェックが自動で行われるように設定をつくりおきしましょう。「ら」抜き言葉や重ね言葉など日本語の一般的な文法ミスは標準で自動チェックされますが、それと一緒に文体もチェックされるようになるので、文章のチェックや修正作業にかかる時間をラクラク短縮できます。

日程表自動作成のつくりおき

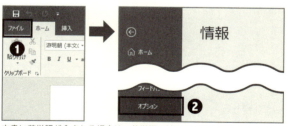

文書に英単語が含まれる場合は、英単語以外にカーソルを置いておく。❶「ファイル」タブをクリックして、❷「オプション」をクリックする。

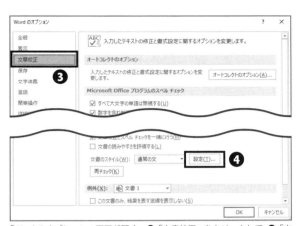

「Word のオプション」画面が開く。❸「文章校正」をクリックして、❹「文書のスタイル」欄の「設定」をクリックする。

文章校正のルールを設定するための画面が開く。❺画面をスクロールして、❻「文体」欄から「「です・ます」体に統一」を選択。❼「OK」をクリックすると、元の画面に戻るので「OK」をクリックして閉じる。以上で設定完了。

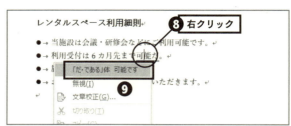

「です・ます」体ではない文章を含め、日本語の文法に引っかかる文章に下線が表示される。❽下線部分を右クリックし、❾修正候補をクリックすると自動で修正される。修正候補が提示されない場合は、手動で修正する。また、修正が必要でない場合は、右クリックメニューから「無視」をクリックすると下線を非表示にできる。

ステップアップの豆知識

専用画面で修正個所を検索

「文章校正」画面を使うと、文書に含まれる修正個所を1つずつ順にチェックできます。

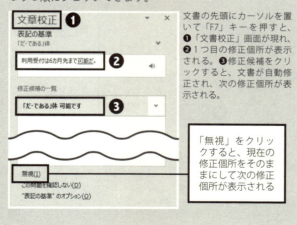

文書の先頭にカーソルを置いて「F7」キーを押すと、❶「文書校正」画面が現れ、❷1つ目の修正個所が表示される。❸修正候補をクリックすると、文書が自動修正され、次の修正個所が表示される。

「無視」をクリックすると、現在の修正個所をそのままにして次の修正個所が表示される

08 定型文書をテンプレ化する方法

　会議議事録、ニュースレター、定例行事のパンフレットなど、前回と同じフォーマットで文書を作成することがあります。しかし、作成のたびに前回のデータを削除するところから始めるのは非効率的です。タイトルや見出し、デザインだけを設定したひな型を「Wordテンプレート」としてつくりおきしましょう。テンプレートファイルから新規文書を作成すれば、即座にデータ入力を開始できるので作業効率が上がること請け合いです。

テンプレートのつくりおき

❶ここでは図のような文書をテンプレートファイルとして保存する。❷「F12」キーを押す。

第3章　Word　文書作りがはかどるつくりおき

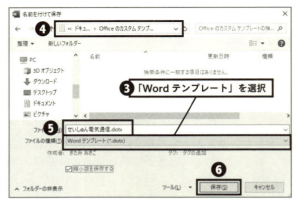

「名前を付けて保存」画面が表示される。❸「ファイルの種類」欄から「Wordテンプレート」を選択し、❹自動で表示される保存先のまま❺ファイル名を指定して、❻「保存」をクリックする。以上でテンプレートファイルの作成完了。いったんWordを閉じておく。

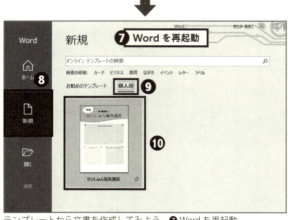

テンプレートから文書を作成してみよう。❼Wordを再起動し、起動画面の❽「新規」→❾「個人用」をクリックすると、❿登録したテンプレートが表示されるので、それをクリックする。

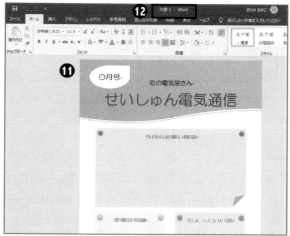

⓫テンプレートをもとにした新規文書が作成される。⓬タイトルバーを見ると「文書1」と表示されており、画面上の文書がテンプレートファイル自体ではなく新規文書であることがわかる。

🗂 Memo

 テンプレートファイルは、標準では「ドキュメント」フォルダーにある「Office のカスタムテンプレート」フォルダーに保存されます。そこに保存したテンプレートファイルは、前ページ手順❾の画面に表示されます。

 それ以外のフォルダーに保存した場合は、フォルダーの画面に表示されるテンプレートファイルのアイコンをダブルクリックすると、テンプレートをもとにした新規文書を作成できます。

 なお、テンプレートファイルそのものを編集したいときは、手順⓫の文書を編集後、手順❷~❻を実行して、元のテンプレートファイルと同じファイル名で保存します。

09 サイズ、余白…、Word印刷設定をテンプレ化

　Wordでは、印刷用のページ設定の初期値が決められています。例えば、用紙の初期値は「A4縦」です。もし、いつも使う用紙が「B5横」の場合は、毎回ページ設定を変更しなければならず、時間のロスになります。用紙サイズ、印刷の向き、余白のサイズなど、ページ設定の初期値は、最も使用頻度の高い設定値に変えておくのが時短のポイントです。「ページ設定」画面で設定値を変更し、「既定に設定」ボタンをクリックするだけで簡単にWordの初期値を変えられます。

印刷設定のつくりおき

❶「レイアウト」タブ(バージョンによっては「ページレイアウト」タブ)の❷「ページ設定」欄の右下隅にある小さなボタンをクリックする。

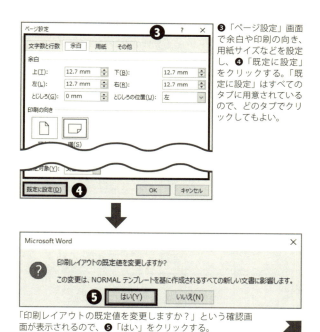

❸「ページ設定」画面で余白や印刷の向き、用紙サイズなどを設定し、❹「既定に設定」をクリックする。「既定に設定」はすべてのタブに用意されているので、どのタブでクリックしてもよい。

「印刷レイアウトの既定値を変更しますか？」という確認画面が表示されるので、❺「はい」をクリックする。

🗂 Memo

手順❺の画面には、「この変更は、NORMAL テンプレートを基に作成されるすべての新しい文書に影響します。」と書かれています。「NORMAL テンプレート」とは、Word の新規文書のもとになる「白紙の文書」のテンプレートのことです。「既定に設定」をクリックすると、「ページ設定」画面の各タブで行った変更が NORMAL テンプレートに保存されるので、次回以降に作成される新規文書のページ設定に反映されるのです。

❻いったんWordを終了して、起動し直す。❼ Wordの起動画面で「白紙の文書」をクリックして新規文書を作成する。

❽手順❸で指定した用紙サイズや印刷の向き、余白で新規文書が表示される。ここでは、余白の狭い横向きの文書が作成された。

> ## Memo
>
> ここで紹介した方法は、今後作成する新規文書のページ設定を変更する方法なので、よく使う設定が決まっている場合に有効です。もし、よく使うページ設定のパターンがいくつかある場合は、前項を参考に、ページ設定のパターン別にWordテンプレートを作成しておくといいでしょう。

ステップアップの豆知識

NORMAL テンプレートの正体

　NORMAL テンプレートは、「Normal.dotm」というファイル名の Word テンプレートです。Word では、起動画面で「白紙の文書」を選択すると、「Normal.dotm」をもとに新規文書が作成されます。「Normal.dotm」は、フォントや段落書式、ページ設定などの設定が保存された白紙の文書です。

　131 ページの手順❸の「ページ設定」画面のほか、「フォント」画面や「段落」画面にも「既定に設定」ボタンが用意されており、各画面で行った設定を「Normal.dotm」に保存できます。

　「フォント」画面は「ホーム」タブの「フォント」欄、「段落」画面は「段落」欄の右下隅にあるボタンから表示できます。

　「Normal.dotm」は、通常次のフォルダーに保存されています。

C:¥Users¥（ユーザー名）¥AppData¥Roaming¥Microsoft¥Templates

　Word では上記のフォルダーに「Normal.dotm」が存在しない場合、次回 Word を使用するときに標準の設定の「Normal.dotm」が自動作成される仕組みになっています。したがって、「Normal.dotm」を別フォルダーに移動すると（トラブルに備えて削除ではなく移動する）、白紙の新規文書の設定を標準の状態に戻せます。

10 ページ、日付…、「ヘッダー設定」の裏ワザ

ヘッダー(用紙の上部の領域)に入力した内容は、文書の全ページに印刷されます。ページ番号や印刷日などを印刷するのに打ってつけのスペースです。ヘッダーに印刷する内容が決まっている場合は、「ヘッダーギャラリー」に保存しておきましょう。ギャラリーから選択するだけで、簡単にほかの文書で使い回せます。ここではヘッダーに会社名やページ番号、印刷日を挿入する方法と、ヘッダーをギャラリーに保存して使い回す方法を紹介します。

ヘッダーのつくりおき

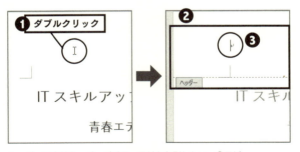

ヘッダーに会社名、ページ番号、日付を印刷したい。❶用紙の上部をダブルクリックすると、❷ヘッダー領域が現れ、❸左上にカーソルが表示される。

❹ヘッダーに会社名などを入力する。初期設定では、同じ行の左揃え、中央、右揃えの3カ所に要素を入力できる。❺入力したい行の末尾にカーソルを置いて、❻「Tab」キーを2回押す。

1回目の「Tab」キーでカーソルが中央揃えの位置に表示され、2回目の「Tab」キーで右揃えの位置に表示される。ここでは、❼右揃えの位置にページ番号を入力していく。

❽「ヘッダー / フッター」タブ(バージョンによっては「デザイン」タブ)の❾「ページ番号」→❿「現在の位置」から⓫ページ番号の書式を選ぶ。ここでは「ページ番号 / 総ページ数」の書式を選んだ。

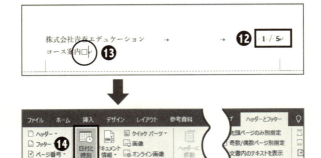

❶❷「1 / 5」の形式でページ番号が挿入された。続いて、❶❸印刷日を挿入する位置にカーソルを置き、「ヘッダー / フッター」タブの❶❹「日付と時刻」をクリックする。

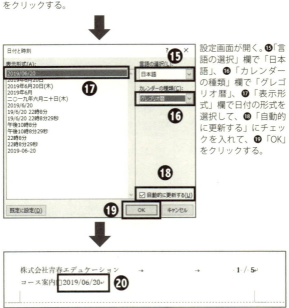

設定画面が開く。❶❺「言語の選択」欄で「日本語」、❶❻「カレンダーの種類」欄で「グレゴリオ暦」、❶❼「表示形式」欄で日付の形式を選択して、❶❽「自動的に更新する」にチェックを入れて、❶❾「OK」をクリックする。

❷⓪日付が挿入される。この日付は、常に印刷する時点のものが表示される。以上で、ヘッダーの作成は終了。

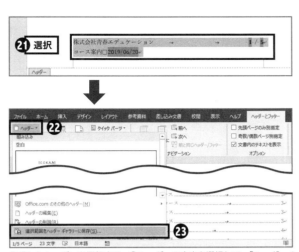

作成したヘッダーを登録する。㉑ヘッダーの文字を選択して、「ヘッダー/フッター」タブの㉒「ヘッダー」→㉓「選択範囲をヘッダーギャラリーに保存」をクリックする。

「新しい文書パーツの作成」画面が開いたら、㉔登録する名前を入力して、㉕自動で表示される登録先のファイルを確認して、㉖「OK」をクリックする。「ヘッダー/フッター」タブの「ヘッダーとフッターを閉じる」ボタンをクリックして、㉗ Word を終了する。

手順㉕のファイルへの保存確認が表示される。㉘「保存」をクリックすると、ヘッダーの登録が完了する。

実際に使用してみよう。文書を作成して、㉙「挿入」タブにある㉚「ヘッダー」をクリックすると、㉛登録したヘッダーが表示されるので、クリックする。

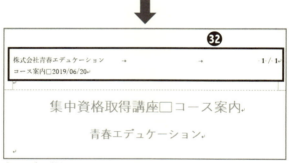

㉜ヘッダーが挿入される。

🗂 Memo

「ヘッダー/フッター」タブ（バージョンによっては「デザイン」タブ）の「画像」ボタンを利用してヘッダーにロゴ画像を挿入すると、より本格的な見栄えになります。

第4章
Word・Excel
もっと時短できる設定のつくりおき

01 即文書作りにとりかかれる設定術

WordやExcelを起動すると、最初にスタート画面が表示され、最近使ったファイルやテンプレートを即座に選択できるようになっています。しかし、「ファイルはもっぱらアイコンのダブルクリックで開く」「テンプレートはあまり使わない」という人にとって、スタート画面の表示は時間の無駄。起動と同時に「白紙の文書」や「空白のブック」が表示されるように設定をつくりおきましょう。即座に文書作成を開始できるので効率的です。

簡単起動のつくりおき

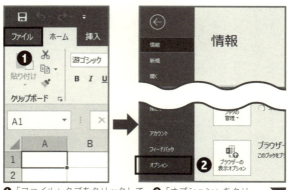

❶「ファイル」タブをクリックして、❷「オプション」をクリックする。

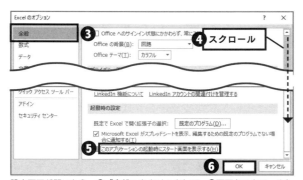

設定画面が開いたら、❸「全般」をクリックして、❹画面をスクロールし、❺このアプリケーションの起動時にスタート画面を表示する」のチェックを外して、❻「OK」をクリックする。

Excel をいったん終了して、起動し直す。❼スタート画面が表示されずに、❽直接「空白のブック」が表示される。ここでは Excel で説明したが、Word の場合も設定方法は同じ。

02 「もしも…」に備える① バックアップファイルの保存法

　試行錯誤しながら文書を作成して上書き保存したものの、「やっぱり前回保存したときの文書のほうがよかった」と後悔した経験はないでしょうか。「元に戻す」ボタンを何度もクリックするのは面倒ですし、戻せる操作にも限りがあります。

　そこで、おススメなのがバックアップファイルの自動作成機能です。この機能を使えば、ファイルを上書き保存するときに、前回保存したファイルをバックアップファイルとして同じフォルダーに保存できます。例えば、Wordの「企画書.docx」からは「バックアップ～企画書.wbk」、Excelの「商品リスト.xlsx」からは「商品リストのバックアップ.xlk」というバックアップファイルが作成されます。上書き保存するたびに、バックアップファイルも前回保存した内容に置き換わり、同じフォルダーの中に最新のファイルとその1つ前のファイルが常に保存されている状態になります。「文書を前回の状態に戻したい」というときは、バックアップファイルを開くだけで瞬時に元に戻せるというわけです。

　最新のファイルが壊れてしまった場合も、1つ前のファイルが残っているので、「一から作り直し」という最悪の事態を避けられます。

Wordバックアップのつくりおき

❶「ファイル」タブ→「オプション」をクリック

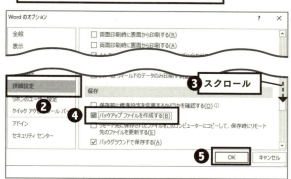

❶「ファイル」タブをクリックして、「オプション」をクリックする。「Wordのオプション」画面が開いたら、❷「詳細設定」をクリックして、❸画面をスクロールし、❹「バックアップファイルを作成する」にチェックを付けて、❺「OK」をクリックする。

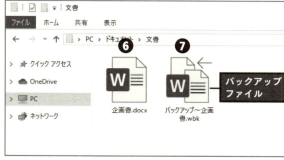

Wordでファイルを上書き保存するたびに、❻通常のファイルのほかに、❼1つ前のファイルがバックアップされる。この設定は、Wordの全ファイルが対象になる。なお、ファイル名に拡張子(「.docx」「.wbk」など)を表示する方法は、178ページ参照。

Excel バックアップのつくりおき

Excel の場合はファイルごとに設定を行う。まず、バックアップするファイルを表示し、❶「F12」キーを押す。

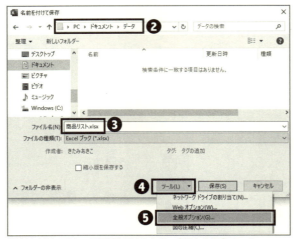

「名前を付けて保存」画面が表示されたら、❷保存先や❸ファイル名を指定する。❹「ツール」ボタンをクリックして、❺表示されるメニューから「全般オプション」をクリックする。

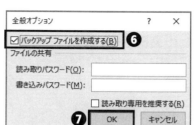

設定画面が表示されたら、❻「バックアップファイルを作成する」にチェックを付けて、❼「OK」をクリックする。すると保存画面に戻るので、❽「保存」をクリックして保存しておく。

❽ 元の画面で「保存」をクリック

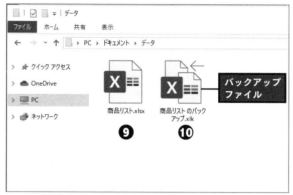

ファイルを上書き保存するたびに、❾通常の Excel ファイルのほかに、❿1つ前のファイルがバックアップされる。

🗐 Memo

バックアップファイルのアイコンをダブルクリックするとファイルが開くので、名前を付けて保存し直して、編集しましょう。その際、Excel の場合は再度バックアップの設定をしておきましょう。なお、アイコンをダブルクリックしたときにファイルを開くかどうかの確認画面が表示される場合は、「はい」をクリックすると開きます。

03 「もしも…」に備える②　自動回復用データの設定術

パソコンのフリーズのせいで文書を消失してしまい、何時間もかけた作業が水の泡になってしまった……。

こまめに上書き保存するのが本来の対策方法ですが、入力や編集に夢中になってうっかりすることもあるでしょう。そのような事態に備えて、WordとExcelでは初期設定で10分ごとに回復用のファイルを自動保存する仕組みがあります。つまり、パソコンがフリーズしたとしても、最大で10分前の状態に戻すことができるのです。

ただし、この「10分」が曲者です。真逆の解釈をすれば、最大で10分間の操作がムダになると言えるからです。集中しているときは、10分間でも相当作業が進むでしょう。それが丸々無駄になってしまうのは残念です。自動保存の間隔は「Wordのオプション」や「Excelのオプション」画面で変更できるので、短めに設定するといいでしょう。設定可能な最短時間は「1分」ですが、間隔が短すぎると自動保存がたびたび行われることになり、操作に影響が出ないとも限りません。「2分」「5分」といろいろ試してみて、自分の作業スピードとのバランスを見て決定してください。

自動回復用データのつくりおき

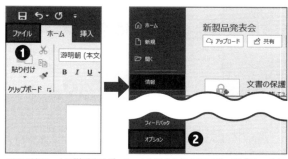

ここでは Word で説明するが、Excel の場合も操作は同じ。❶「ファイル」タブをクリックして、❷「オプション」をクリックする。

設定画面が開いたら、❸「保存」をクリックして、❹「次の間隔で自動回復用データを保存する」欄に分単位の数値を入力する。ここでは「2」分とした。❺「保存しないで終了する場合、最後に自動回復されたバージョンを残す」にチェックが付いていることを確認して、❻「OK」をクリックする。

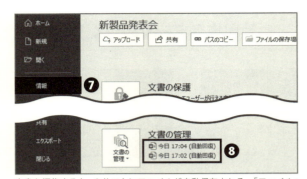

文書を編集すると、2分ごとにファイルが自動保存される。「ファイル」タブをクリックして、❼「情報」をクリックすると、❽「文書の管理」欄に自動保存された時刻を確認できる(「文書の管理」欄の名称はアプリやバージョンによって異なる)。なお、ファイルを開いているだけで編集していない場合は自動保存は行われない。

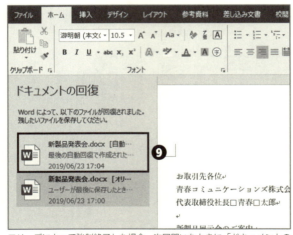

フリーズによって強制終了した場合、次回開いたときに「ドキュメントの回復」欄に回復用のファイルの一覧が表示される。❾自動保存されたファイルをクリックすると、その文書が開く。最大2分間分の作業のロスで済む。

ステップアップの豆知識

回復用データの有効活用

　自動保存されるデータは、フリーズ時の自動回復に使用されるものですが、うっかりミスの回復に利用することもできます。何分か前に削除した文章を復元したい、といったときに重宝します。

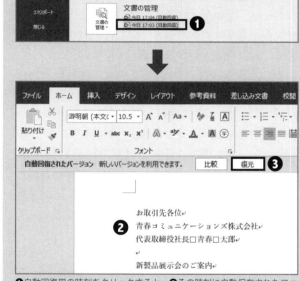

❶自動回復用の時刻をクリックすると、❷その時刻に自動保存されたファイルが開く。ここから必要なデータをコピーして現在の文書に貼り付けることができる。また、❸「復元」(旧バージョンでは「元に戻す」)をクリックすると、自動保存された文書で現在の文書を上書きできる。

04 【図】、【画像】、【数式】…、よく使う機能をワンクリック化

　Word や Excel の機能を実行するには、タブをクリックして切り替え、次にボタンをクリックするという2段階の操作が必要です。よく使う機能が別々のタブに含まれる場合、タブの切り替えを繰り返す羽目になり面倒です。そのうえ、よく使う機能がボタンの階層深くにある場合、クリック数がさらに増えて、より手間が掛かります。

　そこで紹介したいのが、「クイックアクセスツールバーの登録ワザ」です。クイックアクセスツールバーとは、Word や Excel の画面の左上にあるバーのこと。通常は「上書き保存」「元に戻す」「やり直し」といったボタンが並んでいますが、独自に追加することも可能です。クイックアクセスツールバーは常に画面上に表示されているので、ここにボタンを登録しておけば、使いたいときにワンクリックで即座に実行できるのです。

　ここでは、「ファイルや印刷関連のボタンを登録する方法」「タブ上のボタンを登録する方法」「タブにない隠れた機能のボタンを登録する方法」の3通りの操作方法を紹介します。よく使うボタンを登録して、自分好みのクイックアクセスツールバーを手に入れましょう。

ファイル/印刷ボタンのつくりおき

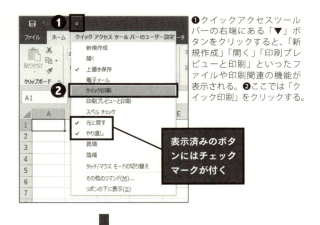

❶クイックアクセスツールバーの右端にある「▼」ボタンをクリックすると、「新規作成」「開く」「印刷プレビューと印刷」といったファイルや印刷関連の機能が表示される。❷ここでは「クイック印刷」をクリックする。

表示済みのボタンにはチェックマークが付く

❸クイックアクセスツールバーに「クイック印刷」ボタンが追加され、ワンクリックで文書を印刷できるようになった。

🗂 Memo

クイックアクセスツールバー上のボタンを右クリックして、表示されるメニューから「クイックアクセスツールバーから削除」をクリックすると、ボタンを削除できます。

タブ上にあるボタンのつくりおき

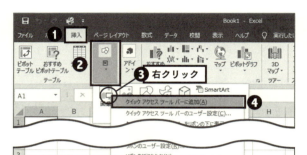

タブ上のボタンを登録する方法を紹介する。ここでは、❶「挿入」タブ→❷「図」→❸「画像」を右クリックして、❹「クイックアクセスツールバーに追加」を選ぶ。

❺クイックアクセスツールバーに「画像」ボタンが追加される。

タブ上にないボタンのつくりおき

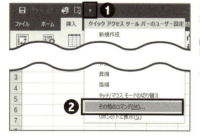

タブ上に表示されていない隠れた機能をボタンに登録することも可能。それにはまず、❶「▼」ボタンをクリックして、❷「その他のコマンド」をクリックする。

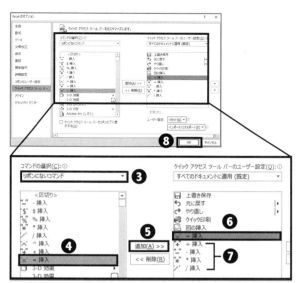

設定画面が表示されたら、❸「コマンドの選択」欄から「リボンにないコマンド」を選択。すると、Excelの隠れた機能のリストが表示されるので、❹ここでは「=挿入」をクリックして、❺「追加」をクリックする。❻隣のボックスに「=挿入」が追加される。❼必要な機能をすべて追加したら、❽「OK」をクリックする。

❾クイックアクセスツールバーにボタンが追加される。「=」「+」「-」などのボタンを追加しておくと、例えば「=A1+A2」のような数式をキーボードに手を移さずにマウスだけで素早く入力できる。

05 よく使うフレーズを10倍速く入力できる単語登録ワザ

日本語入力の時短に効果絶大なのは、「単語登録」です。例えば、「東京都新宿区若松町X-X」を「じゅ」という読みで登録すれば、「J」と「U」のわずか2つのキーを打つだけで、住所に変換できます（「ZYU」）も可。ポイントは、「いつもお世話になっております。」なら「いつ」、「よろしくお願いいたします。」なら「よろ」という具合に、読みをなるべく短くすること。そうすれば、よく使うフレーズを10倍速く入力できます。

単語登録のつくりおき

❶タスクバーの入力モードのアイコン（「A」「あ」など）を右クリックして、❷表示されるメニューから「単語の登録」を選択する。

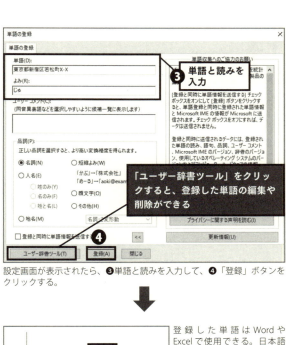

設定画面が表示されたら、❸単語と読みを入力して、❹「登録」ボタンをクリックする。

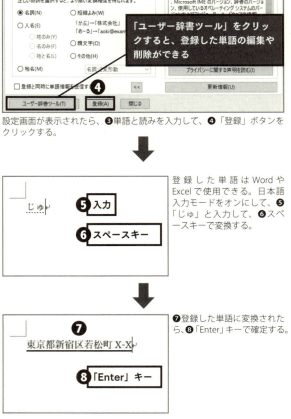

登録した単語はWordやExcelで使用できる。日本語入力モードをオンにして、❺「じゅ」と入力して、❻スペースキーで変換する。

❼登録した単語に変換されたら、❽「Enter」キーで確定する。

06 スペルミス完全防止の設定術

　WordやExcelには、スペルミスを自動修正してくれる「オートコレクト」という機能があります。オートコレクトには、あらかじめミスしやすい単語が登録されています。試しにWordを開いて、「Word adn Excel」と入力してみてください。初期設定の状態でWordを使用しているなら、自動で「adn」が「and」に修正されるはずです。

　オートコレクトには独自に単語を登録することもできます。登録は簡単。「修正文字列」と「修正後の文字列」をセットで指定するだけです。例えば、「restaurant」（レストラン）をいつも「restauran」と間違える場合は、修正文字列として間違ったスペルの「restauran」、修正後の文字列として正しいスペルの「restaurant」を指定します。また、「レストラン」のスペルをはなから覚える気がないなら、あえてローマ字で「resutoran」と登録しておくのも1つの手です。

　Wordでは、書式付きの単語を登録することも可能です。例えば、修正文字列として「CO2」、修正後の文字列として「CO_2」を指定すれば、いちいち下付き文字の設定をすることなく、簡単に「CO_2」を入力できます。

単語の自動修正のつくりおき

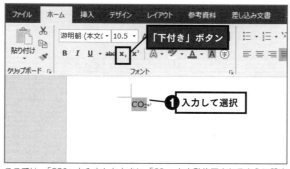

ここでは、「CO2」と入力したときに「CO_2」と自動修正されるように設定する。まず、❶ Wordで「CO_2」と入力し、選択しておく。その際、段落記号を含めずに選択すること。なお、下付き文字は、「2」を選択して「ホーム」タブの「下付き」ボタンをクリックすると設定できる。

❷「ファイル」タブ→「オプション」をクリック

❷「ファイル」タブをクリックして「オプション」をクリックする。開く画面で❸「文章校正」をクリックし、❹「オートコレクトのオプション」をクリックする。

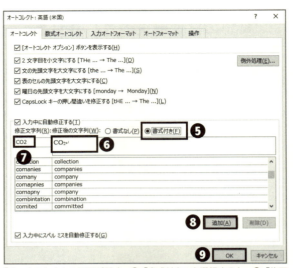

「オートコレクト」画面が開く。❺「書式付き」を選択すると、❻「修正後の文字列」欄に「CO_2」と入力される。❼「修正文字列」欄に「CO2」と入力して、❽「追加」と❾「OK」をクリックする。すると、前の画面に戻るので「OK」をクリックして閉じる。

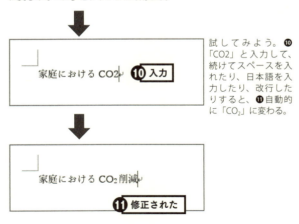

試してみよう。❿「CO2」と入力して、続けてスペースを入れたり、日本語を入力したり、改行したりすると、⓫自動的に「CO_2」に変わる。

🗐 Memo ①

自動修正された直後に「Ctrl」+「Z」キーを押すと、自動修正される前の「CO2」に戻ります。

🗐 Memo ②

前ページの手順❺の画面のリストから登録した単語を選択して、リストの右下にある「削除」をクリックすると、登録を解除できます。

ステップアップの豆知識

書式なしで登録するには?

　書式なしで登録する場合は、修正後の文字列をあらかじめ文書に入力しておく必要はありません。「オートコレクト」画面を開き、「修正文字列」欄と「修正後の文字列」欄に直接文字列を入力してください。

　なお、Wordでは「書式なし」と「書式付き」を選択して登録しますが、Excelで登録する場合は書式なしになります。Excelでの「オートコレクト」画面の開き方は、Wordの場合と同じです。

☑ 入力中に自動修正する(I)	
修正文字列(R):	修正後の文字列(W): ● 書式なし(P) ○ 書式付き(F)
resutoran	restaurant

07 英単語の大文字化、自動箇条書き、ハイパーリンク…、おせっかい機能を無効化

前項で「オートコレクト」を利用した単語の自動修正ワザを紹介しましたが、オートコレクトにはほかにもさまざまな自動修正機能が用意されています。自動修正の項目はWordとExcelで異なりますが、例えばWordには、

- 行頭に「1.」と入力すると、次行以降に「2.」「3.」…、と続きの番号が表示される
- メールアドレスにハイパーリンクが設定される
- 「" こんにちは"」と入力するとダブルクォーテーションの向きが「"こんにちは"」に変わる
- 行頭に小文字の英単語を入力すると、1文字目が大文字に変わる

といった修正項目があります。
「自動で修正してくれてありがたい」と感じられるときがある一方で、「勝手に修正しないでほしい」「余計なお世話」と感じてしまうこともあります。入力中に意図しない修正が行われるのはわずらわしいうえ、元に戻す作業に時間をとられ非効率的。自分に必要のない自動修正機能をはずして、快適な入力環境をつくりおきしましょう。

入力環境のつくりおき

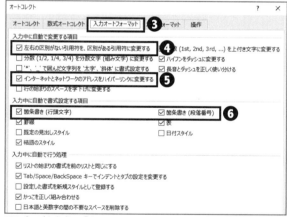

157ページを参考に「オートコレクト」画面を開く。❶「オートコレクト」タブでは、❷英字関連の自動修正項目が並ぶ。❸「入力オートフォーマット」タブでは、❹ダブルクォーテーションや❺ハイパーリンク、❻箇条書きなどの設定項目が並ぶ。不要な項目はオフにしよう。

08 自分好みの「図形デザイン」をテンプレ化

WordやExcelで図形を描くと、青(アクセント1)で塗りつぶされた図形が作成されます。中に文字を入れると、文字の色は白になります。このようなデフォルトのデザインが気に入らない場合は、好みのデザインを設定した図形を「既定の図形」として登録しましょう。それ以降そのファイルで作成するすべての図形が、登録したデザインで表示されるので、設定の手間を省けます。

図形デザインのつくりおき

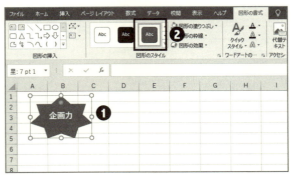

❶図形を作成すると、❷標準の設定では「図形のスタイル」欄にある「塗りつぶし - 青、アクセント1」という名前のデザインが適用される。

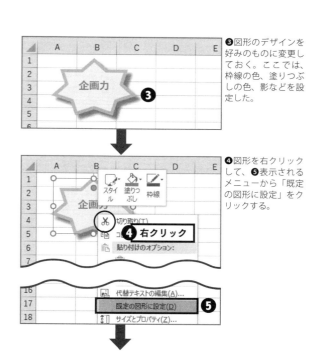

❸図形のデザインを好みのものに変更しておく。ここでは、枠線の色、塗りつぶしの色、影などを設定した。

❹図形を右クリックして、❺表示されるメニューから「既定の図形に設定」をクリックする。

❻新たに図形を作成すると、手順❸の図形と同じデザインで作成される。図形のデザインの登録は、登録先のファイルのみで有効。

Memo

図形のデフォルトのデザインを今後作成するほかのファイルにも適用したい場合は、白紙のファイルに好みのデザインの図形を作成し、手順❸〜❺を実行して、図形を削除します。ファイルをテンプレートとして保存し、そのテンプレートから新規ファイルを作成します。

09 自分好みの「配色」をテンプレ化

　WordやExcelで色を設定する際、通常はカラーパレットから色を選びます。しかし、パレットの中に好みの色がない場合、どうしたらいいでしょうか。パレットの「その他の色」メニューをクリックして「色の設定」画面を呼び出し、その中から選択する方法もあります。1回限りで使う色なら、そのような面倒な方法でもいいでしょう。しかし、何度も繰り返し使う色や、ほかの文書でも使いたい色は、カラーパレットの中にあってほしいものです。

　実は、カラーパレットの配色パターンは自由に作成できるので、よく使う色がパレットにない場合は、自分なりの配色パターンをつくりおきすることをおススメします。パレットからワンクリックで色を設定できるようになり、大変便利です。「コーポレートカラーを含むパターン」「商品のイメージカラーを組み合わせたパターン」など、複数の配色パターンをつくりおき、ファイルごとに使用するパターンを選び分けることも可能です。

　作成した配色パターンは、WordとExcelの両方で使用できます。一度作成しておけば、いろいろなファイルで使い回せるので、ぜひ挑戦してみてください。

配色パターンのつくりおき

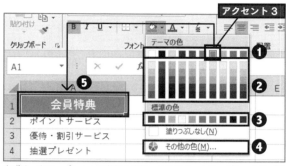

まずは、カラーパレットの仕組みを知っておこう。カラーパレットの「テーマの色」欄には、❶基本の色が 10 色と、❷その 10 色の濃淡を変えた色が用意されている。❸「標準の色」欄にも 10 色の色がある。カラーパレット上にない色を使いたいときは、❹「その他の色」から設定できる。カラーパレットの中で独自の色に変更できるのは、❶の 10 色。❶の色が変わると❷の色はそれに連動して変わる。なお、❺セル A1 には「アクセント 3」の色が設定してある。

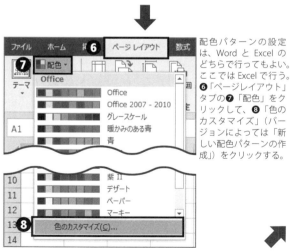

配色パターンの設定は、Word と Excel のどちらで行ってもよい。ここでは Excel で行う。❻「ページレイアウト」タブの❼「配色」をクリックして、❽「色のカスタマイズ」(バージョンによっては「新しい配色パターンの作成」) をクリックする。

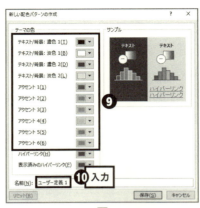

設定画面が表示される。❾上から10色が、前ページの手順❶の色に相当する。この10色の中で、1番目の黒と2番目の白は文字の色として使用されるので、変更しないほうが無難。まずは、❿「名前」欄に配色パターンの名前を入力する。

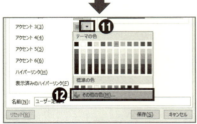

ここでは、「アクセント3」の色を変更する。⓫「アクセント3」の「▼」ボタンをクリックして、⓬「その他の色」をクリックする。

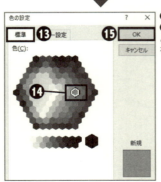

⓭「標準」タブで⓮色を選んで、⓯「OK」をクリックする。すると手順❾の画面に戻るので「保存」をクリックする。以上で設定完了。

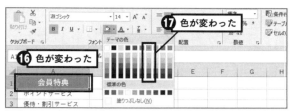

⓰「アクセント 3」が設定されていたセルの色が自動的に手順⓮の色に変わる。また、カラーパレットを広げてみると、⓱「アクセント 3」の列の色が変わっていることがわかる。

ほかのファイルで使用するには、⓲「ページレイアウト」タブの⓳「配色」をクリックして、⓴登録した配色パターンをクリックすると、そのファイルのカラーパレットが変わる。なお、Word の場合、バージョンによっては「配色」ボタンは「デザイン」タブにある。

ここを右クリックして、「削除」をクリックすると、登録を解除できる

🗂 Memo

使用できる配色パターンは 1 ファイルに付き 1 種類です。文書の作成中に配色パターンを切り替えると、設定済みの文字の色や塗りつぶしの色などが、新しい配色パターンの色で置き換わってしまうので注意してください。

10 自分好みの「フォント」をテンプレ化

プレゼン資料のような表現力勝負の文書ではフォントの種類にも気を配りたいものです。WordやExcelでは「見出し用のフォント」と「本文用のフォント」の組み合わせパターンを登録できるので、「チラシ用のフォントパターン」「プレゼン用のフォントパターン」という具合に、フォントのパターンをつくりおくといいでしょう。

フォントパターンのつくりおき

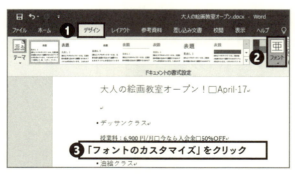

❶「デザイン」(バージョンによっては「ページレイアウト」)タブの❷「フォント」をクリックして、❸表示されるメニューから「フォントのカスタマイズ」(バージョンによっては「新しいフォントパターンの作成」)をクリックする。

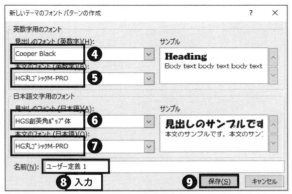

❹英数字用の「見出しのフォント」と❺「本文のフォント」を指定し、❻日本語文字用の「見出しのフォント」と❼「本文のフォント」を指定する。❽フォントパターンの名前を入力して、❾「保存」をクリックする。

❿「表題」や「見出し1」などのスタイルが設定されている文字には「見出しのフォント」、⓫標準の文字には「本文のフォント」が適用される。なお、手動で何らかのフォントを設定していた文字は、フォントパターンを変更しても、フォントは変化しない。スタイルについては114ページを参照。

登録したフォントパターンは、ほかのファイルや Excel で使用できる。使用するには、⓬「フォント」をクリックして、⓭登録したフォントパターンをクリックすればよい。

ステップアップの豆知識

テーマのフォントとは?

手順⓬で選択したフォントパターンのフォントは、「ホーム」タブにある「フォント」のメニューの「テーマのフォント」欄に表示されます。「テーマのフォント」欄からフォントを設定した文字は、フォントパターンを変更すると、それに連動したフォントに変化します。「すべてのフォント」欄からフォントを設定した文字は、フォントパターンを変更しても変化しません。

第5章

Windows・Outlook

いろいろ
効率化する
つくりおき

01 いろいろなアプリをワンクリック起動

使用頻度の高いアプリは、タスクバーに起動用のアイコンをつくりおくのが鉄則です。タスクバーは常にデスクトップの下部に表示されているので、使いたいときに素早くクリックしてアプリを起動できます。スタートボタンのメニューから目的のアプリを探すより断然効率的です。タスクバーは、自分仕様のスタートメニューのようなもの。よく使うアプリを並べて使いやすいメニューを作りましょう。

起動ボタンのつくりおき

ここではタスクバーに Excel を登録する。❶「スタート」ボタンをクリックして、❷メニューに表示される「Excel」を右クリックして、❸「その他」→❹「タスクバーにピン留めする」をクリックする。

アイコンを右クリックして、「タスクバーからピン留めを外す」をクリックすると、登録を解除できる

❺タスクバーにExcelのアイコンが追加される。このアイコンをクリックすれば、Excelを起動できる。

ステップアップの豆知識

よく使うファイルを即開けるように固定

WordやExcelの場合、タスクバーのアイコンの右クリックメニューから、最近使用したファイルを開くことができます。よく使うファイルはピン留めして固定しましょう。

❶Excelのアイコンを右クリックすると、❷最近使ったファイルが一覧表示され、そこから選べばファイルが素早く開く。よく使うファイルは❸ファイル名の右端部分をクリックしてピン留めすると、❹ファイルが「固定済み」欄に移動し、固定表示される。

02 ショートカットキー登録で、よく使うファイルを秒で開く

　前項でアプリを素早く起動するテクニックとしてタスクバーに登録する方法を紹介しましたが、そのほかにデスクトップにショートカットアイコンをつくりおく方法もあります。ショートカットはアプリのリンク先を記録したファイルのこと。アイコンをダブルクリックするとアプリを起動できます。

　タスクバー派の中には、デスクトップを避ける人もいるでしょう。確かに、常に画面上に表示されているタスクバーに比べ、いろいろなアプリの下に隠れるデスクトップは、使い勝手が若干落ちます。しかし、デスクトップは広いので、タスクバーよりたくさんのアイコンを整理して配置できるのがメリットです。デスクトップに配置したショートカットアイコンにはショートカットキーを割り当てることができるので、アイコンが隠れている場合でも、アプリを速やかに起動できます。頻繁に使う1軍のアプリはタスクバー、2軍のアプリはデスクトップと使い分けてみてはいかがでしょうか。

　デスクトップには、フォルダーやファイルのショートカットアイコンを配置することもできます。階層の深い場所にあるフォルダーやファイルを一発起動できるので便利です。

アプリへのショートカットのつくりおき

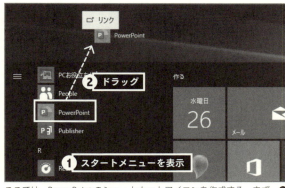

ここでは、PowerPoint のショートカットアイコンを作成する。まず、❶画面左下隅にある「スタート」ボタンをクリックしてスタートメニューを表示し、❷「PowerPoint」をデスクトップまでドラッグする。

❸ショートカットアイコンが作成される。アイコンにはショートカットであることを示す矢印マークが付く。このアイコンをダブルクリックすると、PowerPoint が開く。

次に、ショートカットキーを割り当てる。それには、❹ショートカットアイコンを右クリックして、❺「プロパティ」をクリックする。

❻「ショートカット」タブにある「ショートカットキー」欄をクリックして、❼割り当てたいキーを実際に押す。「Ctrl」+「Alt」+英字キーまたは「Ctrl」+「Shift」+英字キーを割り当てられる。❽「OK」をクリックすれば設定完了。今後、デスクトップが隠れていても、「Ctrl」+「Alt」+「P」キーを押せばPowerPointが起動する。

Memo

ショートカットキーを解除するには、手順❼の画面で「ショートカットキー」欄をクリックして、「BackSpace」キーを押します。

ショートカットアイコンを削除するには、クリックして選択し、「Delete」キーを押します。ショートカットアイコンを削除しても、アプリへのリンクが削除されるだけです。アプリがアンインストールされるわけではありません。

フォルダーやファイルの場合

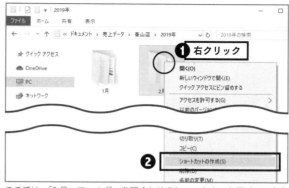

ここでは、「2月」フォルダーを開くためのショートカットアイコンを作成する。❶「2月」フォルダーを右クリックして、❷「ショートカットの作成」をクリックする。

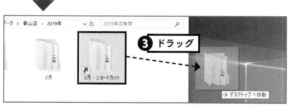

❸「2月 - ショートカット」が作成されるので、デスクトップまでドラッグする。

❹デスクトップに「2月 - ショートカット」が移動した。このアイコンをダブルクリックすると、「2月」フォルダーが開く。
ファイルの場合も同様の操作でショートカットアイコンを作成できる。

03 ファイルを見分ける拡張子の表示ワザ

ファイルアイコンは、ファイルの種類によって絵柄が変わります。絵柄を見ればファイルの種類を区別できるわけですが、似た絵柄だと迷うこともあるでしょう。ファイルの種類をはっきりと区別するために、必ず「拡張子」を表示しておきましょう。拡張子とは、ファイルの種類ごとに決められた記号のこと。例えば、「企画書.xlsx」というファイルなら「.xlsx」が Excel ファイルを表す拡張子です。Windows では標準で拡張子が表示されない設定になっていますが、任意のフォルダーで表示設定を行えば、すべてのフォルダーで拡張子が表示されるようになります。

拡張子表示のつくりおき

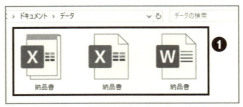

❶ファイルアイコンが似ていると、ファイルの種類を区別するのが難しい。

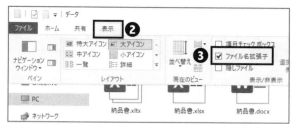

拡張子を表示しよう。❷「表示」タブをクリックすると、一時的にボタン群が表示される。❸「ファイル名拡張子」にチェックを付ける。

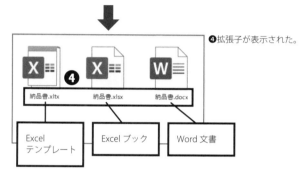

❹拡張子が表示された。

- 納品書.xltx — Excel テンプレート
- 納品書.xlsx — Excel ブック
- 納品書.docx — Word 文書

ステップアップの豆知識

隠しフォルダーを表示する

　Windowsのシステムにかかわる重要なファイルやフォルダーは、誤って削除することがないように、通常は非表示になっています。手順❸の下にある「隠しファイル」にチェックを付けると、隠しファイルや隠しフォルダーを表示できます。WordやExcelでテンプレートを操作するときなどに隠しフォルダーを使用することがありますが、そのようなときは一時的に「隠しファイル」にチェックを付けて操作するといいでしょう。

04 「あのファイルどこ?」がなくなる高速検索の設定術

「配布資料」フォルダーのサブフォルダーから「語学」関係のファイルを探したい……。そんなときに便利なのが、Windowsのファイル検索機能です。「配布資料」フォルダーを開き、検索ボックスに「語学」と入力するだけで、名前や中身に「語学」の文字が含まれるファイルを検索できます。「配布資料」フォルダーの中を、サブフォルダーも含めてくまなく検索できるので便利です。

ただし、「配布資料」フォルダーの場所によっては、検索に時間を要することがあります。高速検索が可能なのは、「インデックス」が作成されているフォルダーに限るのです。インデックスとは、一言でいえば「ファイルの索引」。Windowsでは、どこにどんなファイルがあるかを、パソコンの空き時間に自動で調べてインデックスを作成しています。ただし、インデックス作成の対象になるのは、「ユーザー」フォルダーなど一部に限られます。そのため、インデックスのない場所を検索すると時間がかかるのです。別ドライブのフォルダーなどを高速に検索したい場合は、そのフォルダーのインデックスが作成されるように設定しておきましょう。

インデックスのつくりおき

任意のフォルダーを開き、❶検索ボックスの中をクリックすると、❷「検索」タブが現れるので、それをクリックする。

❸「詳細オプション」→❹「インデックスが作成された場所の変更」をクリックする。

インデックスの対象になるフォルダーが表示される。❺「変更」をクリックする。

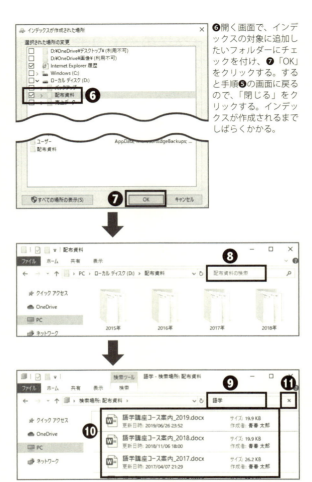

❻開く画面で、インデックスの対象に追加したいフォルダーにチェックを付け、❼「OK」をクリックする。すると手順❺の画面に戻るので、「閉じる」をクリックする。インデックスが作成されるまでしばらくかかる。

❽検索ボックスに❾キーワードを入力すると自動で検索が始まり、❿検索結果のファイルやフォルダーが表示される。目的のファイルを見つけたら、ダブルクリックして開けばよい。なお、⓫検索ボックスの「×」をクリックすると、検索を終了して手順❽の画面に戻る。

Memo

インデックスを作成する対象のフォルダーを増やすと、パソコンに負荷がかかります。また、ハードディスクの容量を圧迫することもあります。必要な場所だけを追加するようにしましょう。

なお、前ページ手順❻の画面でチェックを外すと、インデックスを解除できます。

ステップアップの豆知識

詳細な条件で検索する

検索のキーワードと「AND」「OR」「NOT」や「名前」「更新日時」を組み合わせることで、詳細な条件を指定できます。

●検索ボックスの入力例
- **語学 AND IT**
「語学」と「IT」の両方を含むファイルを検索
- **語学 OR IT**
「語学」または「IT」のいずれかを含むファイルを検索
- **語学 NOT IT**
「語学」を含むが「IT」を含まないファイルを検索
- **名前 : 語学 AND 更新日時 :>2019/1/1**
ファイル名に「語学」を含み、更新日時が 2019/1/1 よりあとのファイルを検索

05 「あのファイル消しちゃった…」がなくなる履歴バックアップ術

「ファイル履歴」という機能を使用すると、ドキュメントフォルダーや連絡先、お気に入りなどのファイルを定期的にバックアップできます。バックアップの保存先としては、USBメモリや外付けハードディスクなどの外部ディスクが必要です。パソコンが起動している間、デフォルトでは1時間おきに自動でバックアップが行われます。

復元方法も簡単。復元したい日時を指定して、フォルダーやファイルを選択し、「復元」ボタンをクリックするだけです。ファイルを誤って削除したときや破損してしまったときに便利です。また、パソコンが壊れたときに、外部ディスクを別のパソコンに接続し、直接ファイルやフォルダーを取り出して、復旧に役立てることもできます。

ファイル履歴のつくりおき

バックアップ用のディスクを接続しておく。❶「スタート」ボタンをクリックして、❷「設定」をクリックする。

「Windows の設定」画面が表示されたら、❸「更新とセキュリティ」をクリックする。

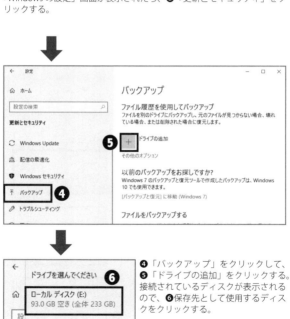

❹「バックアップ」をクリックして、❺「ドライブの追加」をクリックする。接続されているディスクが表示されるので、❻保存先として使用するディスクをクリックする。

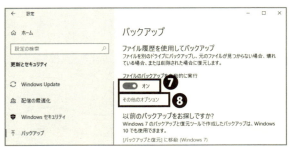

❼「ファイルのバックアップを自動的に実行」がオンになる。❽「その他のオプション」をクリックする。

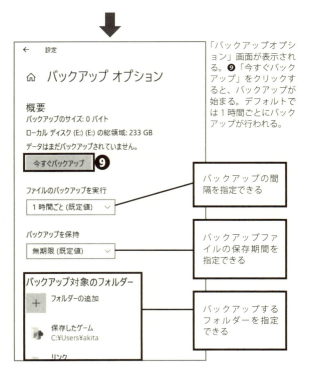

「バックアップオプション」画面が表示される。❾「今すぐバックアップ」をクリックすると、バックアップが始まる。デフォルトでは1時間ごとにバックアップが行われる。

バックアップの間隔を指定できる

バックアップファイルの保存期間を指定できる

バックアップするフォルダーを指定できる

ファイル履歴からファイルを復元する

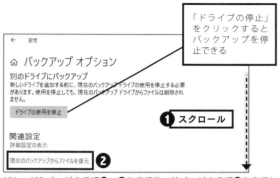

「ドライブの停止」をクリックするとバックアップを停止できる

184～185ページの手順❶～❹を実行後、前ページの手順❽を実行して「バックアップオプション」画面を表示しておく。❶画面をスクロールして、❷「現在のバックアップからファイルを復元」をクリックする。

「復元」を右クリックすると、復元場所を選択することも可能

ファイル履歴の画面が表示される。❸「前のバージョン」や❹「次のバージョン」をクリックして復元したい日時を選び、❺フォルダーやファイルを選択して、❻「復元」をクリックする。

06 ファイル添付、受領、納品完了…、メール定型文の登録術

「ファイルを添付しました。ファイル名は○○です。」「○○を受領しました。ありがとうございます。」「納品が完了しました。ご確認のほど、お願いいたします。」……。

ビジネスメールでは、定型的な連絡事項について同じフレーズを使うことが多々あります。そのたびにキーボードから同じ文を打つのは非効率的です。154ページで紹介した単語登録を利用する手もありますが、登録できるのは60文字までですし、そもそも改行を含む文章は登録できません。

そんなときは「クイックパーツ」の出番です。クイックパーツとは、書式や改行を含む文章をストックしておける機能のこと。定型文を登録しておけば、クイックパーツのリストから選択するだけで素早くメール本文に挿入できます。

また、「添付」「受領」「納品完了」など、わかりやすい名前を付けておけば、その名前からクイックパーツに変換することも可能です。後者の方法では、メール本文の入力中にキーボードから手を離さずに操作できるので、圧倒的な時短になります。いろいろなパターンを登録して、メールの作成を効率化しましょう。

メールの定型文のつくりおき

メールの新規作成画面を開き、❶クイックパーツとして登録する文章を入力して選択する。登録する文章が入力されている既存のメールを開いて、該当の個所を選択してもよい。

❷「挿入」タブの❸「クイックパーツの表示」をクリックして、❹「選択範囲をクイックパーツギャラリーに保存」をクリックする。

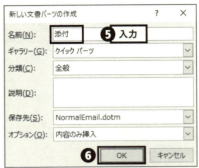

「新しい文書パーツの作成」画面が開いたら、❺定型文にわかりやすい名前（ここでは「添付」）を付ける。❻「OK」をクリックすると、登録完了。

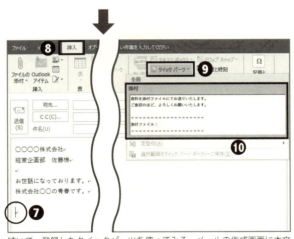

続いて、登録したクイックパーツを使ってみる。メールの作成画面に本文を入力し、❼クイックパーツの挿入位置にカーソルを置いておく。❽「挿入」タブの❾「クイックパーツの表示」をクリックして、❿登録したクイックパーツをクリックする。

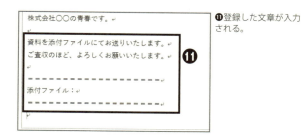

❶登録した文章が入力される。

📎 Memo

登録したクイックパーツを削除するには、手順❿のクイックパーツを右クリックして「整理と削除」をクリックすると、設定画面が表示され、目的のクイックパーツを削除できます。なお、「整理と削除」を選択できない場合は、「書式設定」タブの「HTML」をクリックしていったんメールを HTML 形式にしてから操作してください。

ステップアップの豆知識

ここでも使える「F3」キー

前ページの手順❺で指定した名前を入力して、「F3」キーを押しても、クイックパーツを素早く入力できます。

クイックパーツの名前を入力して「F3」キーを押す

07 社外向け、社内向け…、相手に合わせたメール定型文の登録術

メールの末尾には、通常、氏名や所属、連絡先などを記載した署名を入れます。Outlookには署名を自動挿入する機能があるので、これを利用すれば毎回署名入りのメールを自動作成できます。その際に、署名と一緒にあいさつ文を登録しておくと、より一層の時短になります。「社外向けあいさつ文入り」「社内向けあいさつ文入り」「署名のみ」という具合に複数の署名をつくりおき、もっともよく使う署名が自動挿入されるように設定しておくといいでしょう。

署名のつくりおき

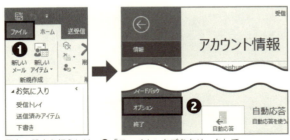

署名の設定を行うには、❶「ファイル」タブをクリックして、❷「オプション」をクリックする。

「Outlookのオプション」画面が開いたら、❸「メール」をクリックして、❹「署名」をクリックする。

「署名とひな形」画面が開いたら、❺「新規作成」をクリックする。

❻署名の名前を入力して、❼「OK」をクリックする。

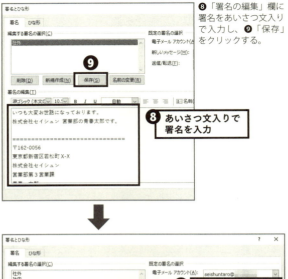

❽「署名の編集」欄に署名をあいさつ文入りで入力し、❾「保存」をクリックする。

❿あいさつ文なしの署名なども作成しておく。⓫「新しいメッセージ」欄で自動挿入する署名の種類を指定する。ここでは「署名のみ」を指定した。⓬「OK」をクリックすると前の画面に戻るので「OK」をクリックして閉じる。

⓭メールの新規作成画面を表示すると、自動的に署名が挿入される。

別の署名に変えたいときは、⓮「挿入」タブの⓯「署名」をクリックする。⓰目的の署名を選択すると、⓱署名が切り替わる。

🗐 Memo

あいさつ文入りの署名を使う機会が多い場合は、前ページの手順⓫であいさつ文入りの署名をデフォルトにするといいでしょう。

08 「売上報告」、「営業日報」…、本文入りメールをショートカットキーで一発作成

Outlookには、定型の操作を登録する「クイック操作」という機能が用意されています。クイック操作を使用すれば、繰り返し行う操作を自動化できます。登録は実に簡単で、基本的に選択と穴埋めをするだけです。

例えば、特定の相手へ送る新規メールの作成を自動化する場合、「アクション」の一覧から「メッセージの作成」を選択し、宛先欄や件名欄などを穴埋めすればOKです。アクションというのは、自動実行する操作のこと。「フォルダーへ移動」「メッセージを削除」「開封済みにする」「転送」「返信」など、さまざまなアクションが用意されており、日常的に行う操作を簡単に自動化できるようになっています。

ここでは、宛先、件名、本文を組み込んだメールを作成するクイック操作を登録します。さらに、登録したクイック操作にショートカットキーを割り当てて、ショートカットキーを押すだけでメールを一発作成できるようにします。

売上報告や営業日報など、毎日特定の相手にメールを送っているなら、クイック操作を使わない手はないでしょう。

メール自動作成のつくりおき

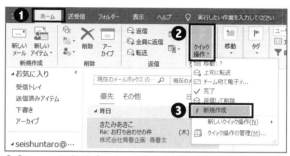

❶「ホーム」タブの❷「クイック操作」をクリックして、❸「新規作成」をクリックする。

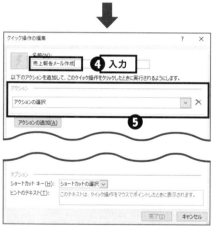

「クイック操作の編集」画面が表示される。❹「名前」欄にクイック操作の名前を入力する。ここでは「売上報告メール作成」とした。❺最初は、「アクション」欄に「アクションの選択」欄だけがある。

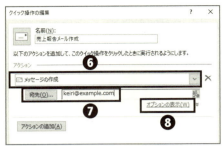

❻「アクションの選択」欄から「メッセージの作成」を選ぶと、❼「宛先」欄が現れるので、宛先を指定する。❽次に、「オプションの表示」をクリックする。

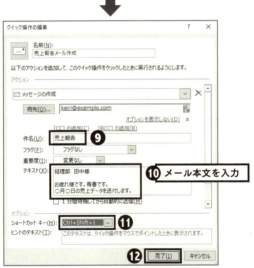

メール作成の詳細な設定項目が現れるので、❾「件名」と❿「テキスト」を入力する。⓫「ショートカットキー」欄からキーを選択して(ここでは「Ctrl」+「Shift」+「1」を選択)、⓬最後に「完了」ボタンをクリックする。

実行してみよう。「Ctrl」+「Shift」+「1」キーを押すか、または⓭「ホーム」タブの⓮「クイック操作」→⓯「売上報告メール作成」をクリックする。

メールの作成画面が表示される。⓰宛先、⓱件名、⓲メール本文が自動で入力されているので、メールを手早く作成できる。

🗂 Memo

手順⓯の一覧から「クイック操作の管理」を選び、表示される画面で「売上報告メール作成」を選択して「削除」ボタンをクリックすると、削除できます。

09 もう重要メールを見逃さない！メール仕分けの裏ワザ

A社からのメール、B社からのメール、プライベートメール、広告メール……。受信トレイにたまるたくさんのメールの中で、重要なメールを見逃してしまっていませんか？ そんなときは「ルール」を決めてメールを自動仕分けしましょう。例えば、A社からのメールを受信トレイから自動で「A社」フォルダーに仕分けすれば、受信トレイに埋もれることなく、A社からの新着メールをすぐに把握できます。重要なメールを見逃さないために、「ルール」を利用して効率よくメールを仕分けましょう。

自動仕分けのつくりおき

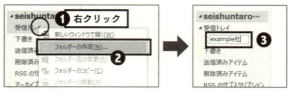

ここでは、「○○ @example.com」からのメールを「example社」という名前のフォルダーに自動仕分けする。その準備として、フォルダーを作る。❶「受信トレイ」を右クリックして、❷「フォルダーの作成」をクリックし、❸フォルダー名を入力する。以上でフォルダーが作成される。

仕分けのルールを作成していく。❹「ホーム」タブの❺「移動」→❻「ルール」→❼「仕分けルールと通知の管理」をクリックする。

「仕分けルールと通知」画面が開くので、❽「新しい仕分けルール」をクリックする。

ステップアップの豆知識

ボタンの配置が違う？

　Outlookのウィンドウのサイズによって、「ルール」ボタンの配置が変わります。

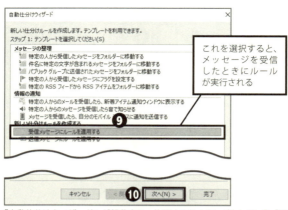

「自動仕分けウィザード」が起動する。仕分けのタイミングとして、❾「受信メッセージにルールを適用する」を選択して、❿「次へ」をクリックする。

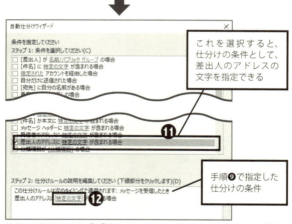

仕分けの条件として、⓫「差出人のアドレスに特定の文字が含まれる場合」にチェックを付ける。すると、下欄に「差出人のアドレスに特定の文字が含まれる場合」と表示されるので、⓬「特定の文字」の部分をクリックする。

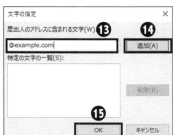

自動仕分けするメールアドレスの条件として、⓭「@example.com」と入力して、⓮「追加」をクリック。必要に応じて複数の条件を追加できる。⓯「OK」をクリックすると、前の画面に戻るので「次へ」をクリックする。

次に、手順⓭からのメールに対して実行する処理を指定する。⓰「指定フォルダーへ移動する」にチェックを付けると、下欄に「指定フォルダーへ移動する」が表示されるので、⓱「指定」の部分をクリックする。

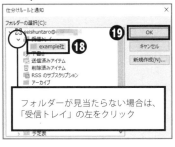

⓲仕分け先のフォルダー（ここでは「example社」）を選択する。⓳「OK」をクリックすると前の画面に戻るので「完了」をクリックする。

⑳「メッセージを受信したとき、差出人のアドレスに「@example.com」が含まれている場合に「example社」フォルダーへ移動する」というルールが作成された。
㉑「OK」をクリックして設定完了。

「@example.com」を含むメールアドレスからメールが届くと、㉒自動で「example社」フォルダーに入る。未読メールがあるとメールの数が表示されるのでわかりやすい。

人生の活動源として

いま要求される新しい気運は、最も現実的な生々しい時代に吐息する大衆の活力と活動源である。

文明はすべてを合理化し、自主的精神はますます衰退に瀕し、自由は奪われようとしている今日、プレイブックスに課せられた役割と必要は広く新鮮な願いとなろう。

いわゆる知識人にもとめる書物は数多く窺うまでもない。

本刊行は、在来の観念類型を打破し、謂わば現代生活の機能に即する潤滑油として、逞しい生命を吹込もうとするものである。

われわれの現状は、埃りと騒音に紛れ、雑踏に苛まれ、あくせく追われる仕事に、日々の不安は健全な精神生活を妨げる圧迫感となり、まさに現実はストレス症状を呈している。

プレイブックスは、それらすべてのうっ積を吹きとばし、自由闊達な活動力を培養し、勇気と自信を生みだす最も楽しいシリーズたらんことを、われわれは鋭意貫かんとするものである。

――創始者のことば―― 小澤和一

著者紹介
きたみあきこ

東京都生まれ。テクニカルライター。お茶の水女子大学理学部化学科卒。大学在学中に分子構造の解析を通してプログラミングと出会う。プログラマー、パソコンインストラクターを経て、現在はコンピューター関係の雑誌や書籍の執筆を中心に活動中。

テンプレートのつくりおき！
超時短のパソコン仕事術

青春新書 PLAYBOOKS

2019年9月1日　第1刷

著　者　　きたみあきこ

発行者　　小澤源太郎

責任編集　株式会社プライム涌光

電話　編集部　03(3203)2850

発行所　　東京都新宿区若松町12番1号　〒162-0056　株式会社青春出版社

電話　営業部　03(3207)1916　　振替番号　00190-7-98602

印刷・図書印刷　　製本・フォーネット社

ISBN978-4-413-21141-3

©Kitami Akiko 2019 Printed in Japan

本書の内容の一部あるいは全部を無断で複写(コピー)することは著作権法上認められている場合を除き、禁じられています。

万一、落丁、乱丁がありました節は、お取りかえします。

青春新書 PLAYBOOKS

人生を自由自在に活動する——プレイブックス

ゴルフ 次のラウンドから結果が出る パッティングの新しい教科書

小野寺 誠

スコアをつくるパッティングの極意。プロはこう考えて、こう読んでいたのか!

P-1140

毎日の健康効果が変わる! 食べ物の栄養便利帳

ホームライフ取材班[編]

体にいい有効成分、ぞくぞく新発見!まったく新しい食べ物の"トリセツ"です

P-1142

ポリ袋だから簡単! 発酵食レシピ

杵島直美

みそ、ぬか床、白菜漬け、キムチ、粕漬、麹床…食べたい分だけ手軽に作れます

P-1143

いまを乗り越える 哲学のすごい言葉

晴山陽一

悩む、考える、行動する——大事なことは哲学者たちが教えてくれる

P-1144

お願い ページわりの関係からここでは一部の既刊本しか掲載してありません。折り込みの出版案内もご参考にご覧ください。